Jörg Biel
Der Keltenfürst
von Hochdorf

Jörg Biel

Der Keltenfürst von Hochdorf

Fotografie:
Peter Frankenstein, Jörg Jordan
und andere

Konrad Theiss Verlag Stuttgart

CIP-Kurztitelaufnahme der Deutschen Bibliothek

Biel, Jörg
Der Keltenfürst von Hochdorf / Jörg Biel.
Fotogr.: Peter Frankenstein u. Jörg Jordan. –
Stuttgart : Theiss, 1985.
  ISBN 3-8062-0425-X

NE: Frankenstein, Peter:; Jordan, Jörg:

Schutzumschlag: Michael Kasack, Frankfurt am Main,
unter Verwendung eines Fotos
von Peter Frankenstein und Jörg Jordan

2. Auflage 1985
© Konrad Theiss Verlag, Stuttgart 1985
Alle Rechte vorbehalten
ISBN 3-8062-0425-X
Gesamtherstellung: Grafische Betriebe
Süddeutscher Zeitungsdienst, Aalen
Printed in Germany

Inhalt

7 Einleitung

9 Fürstengräber in Südwestdeutschland

17 Die Zeit der frühen Kelten

30 Untersuchung und Aufbau des Grabhügels

45 Die Untersuchung des Grabes

52 Der Tote

61 Die persönliche Ausstattung des Keltenfürsten

77 Die Totenausstattung aus Gold

92 Die Totenliege

114 Das Trinkservice

133 Das Speiseservice

141 Der Wagen

160 Zur Datierung

164 Zusammenfassung und Auswertung

167 Bibliographie

Einleitung

In den Jahren 1978 und 1979 untersuchte das Landesdenkmalamt Baden-Württemberg, Abteilung Archäologische Denkmalpflege Stuttgart, bei Eberdingen-Hochdorf im Kreis Ludwigsburg einen Fürstengrabhügel der späten Hallstattzeit (um 550 v. Chr.). Er enthielt ein unberaubtes, außerordentlich reich ausgestattetes Grab, in dem überdies dank günstiger Erhaltungsbedingungen organische Reste in großer Zahl konserviert waren. Das mächtige Grabmonument mit einem Durchmesser von 60 m und einer antiken Höhe um 6 m war im Lauf seiner 2500jährigen Geschichte vor allem durch intensive Beackerung und Erosion weitgehend zerpflügt und eingeebnet worden. Eine ehrenamtliche Mitarbeiterin des Landesdenkmalamtes, Renate Leibfried aus Hochdorf, hatte es 1977 entdeckt: Ihr waren schon seit längerer Zeit in dem sonst steinfreien Lößboden ortsfremde Gesteinsbrocken aufgefallen, und natürlich war ihr auch die noch 1,5 m hohe Geländekuppe verdächtig erschienen. Bei Begehungen des im Acker liegenden Hügels zeigte sich dann ganz deutlich, daß er von einem Steinkreis umgeben war, der sich durch ausgepflügte Steine einigermaßen klar abzeichnete. Deshalb konnte dieses Geländedenkmal auch eindeutig angesprochen werden: Es handelte sich offensichtlich um einen Großgrabhügel der Hallstattzeit und nicht etwa um die Ruinen eines römischen Gutshofes oder einer mittelalterlichen Hofstelle. Da vom Hügel aus Sichtverbindung zu dem in 10 km Entfernung liegenden Hohenasperg besteht, der während der Hallstattzeit ein bedeutender Fürstensitz war, lag auch ohne Grabung der Verdacht nahe, daß in dem Grabmonument eine Person bestattet worden war, die zu diesem Fürstensitz eine Beziehung gehabt hatte.

Dem Denkmalpfleger mußte eine Ausgrabung des Hügels aus verschiedenen Gründen dringend geboten erscheinen: Die zahlreichen, in einem so großen Hügel zu erwartenden Nachbestattungen waren dem Pflug besonders stark ausgesetzt; die im Acker schon zu erkennenden Steinstrukturen waren für die Landwirtschaft besonders hinderlich und wurden laufend beseitigt, und schließlich war bei der anzunehmenden Konstruktion des Zentralgrabes bald auch mit dessen Störung zu rechnen. Andererseits erschien es fast aussichtslos, diesen weitgehend verflachten Hügel als Bodendenkmal von besonderer Bedeutung der landwirtschaftlichen Nutzung entziehen zu wollen. Zum einen war er nur für den Fachmann als Grabhügel zu erkennen – er stellte also kein sichtbares Denkmal mehr dar –, zum anderen sind die Bodenpreise im fruchtbaren Gebiet des Strohgäus sehr hoch. Welcher Verwaltungsrichter hätte sich angesichts dieser Situation davon überzeugen lassen, daß es sich bei der unscheinbaren Kuppe um einen hallstattzeitlichen Fürstengrabhügel handelte?

Schon bald nach Beginn der zweijährigen Grabungskampagne, in dessen Verlauf der gesamte Hügel untersucht wurde, zeigte sich, daß die Befürchtungen der Denkmalpflege mehr als berechtigt waren: Die außerordentlich interessanten und bisher einmaligen Steinstrukturen im Hügel waren bereits stark gestört und weitgehend abgetragen, so daß bei ihrer Interpretation viele Fragen offenbleiben müssen, und auch die ursprünglich sicher sehr zahlreichen Nachbestattungen waren bis auf drei Restgräber abgepflügt. Lediglich das Hauptgrab, das in einem 2,4 m tiefen Schacht lag, war völlig unversehrt geblieben.

Es war natürlich ein besonders glücklicher Umstand, daß dieser reiche Grabfund durch eine archäologische Ausgrabung geborgen und anschließend in den vorzüglich ausgestatteten Werkstätten des Württembergischen Landesmuseums in Stuttgart von den erfahrenen Restauratoren Ute Wolf, Peter Eichhorn, Benno Urban, Peter Heinrich und Martin Haußmann weiter untersucht und konserviert werden konnte. Herr Eichhorn übernahm die umfangreiche fotografische Dokumentation, die ihren Niederschlag auch in diesem Buch gefunden hat.

Die sorgfältige Beobachtung der Fundumstände und vor allem ihre umfassende Dokumentation hat – insbesondere bezüglich der Funde aus organischem Material – zu gesicherten Rekonstruktionen geführt, die

bisher einzigartig sind. Auch die für die moderne Archäologie unerläßlichen naturwissenschaftlichen Untersuchungen, vor allem die botanischen, haben Ergebnisse erbracht, die unsere Interpretationsmöglichkeiten stark erweitern. Nicht zuletzt jedoch stellen die reichen, zum Teil überraschenden, singulären und eindrucksvollen Fundstücke eine wesentliche Bereicherung unseres vorgeschichtlichen Kulturgutes dar.

Mit diesem Buch, das die – bereits angelaufene – wissenschaftliche Publikation über die Grabung in Hochdorf und ihre Ergebnisse weder ersetzen noch ihr vorgreifen soll, möchte ich einem breiteren Publikum die Untersuchung des Grabhügels und der reichen Funde sowie ihre langwierige, erst 1985 abgeschlossene Restaurierung schildern. Ihre Bewertung aus kulturhistorischer und naturwissenschaftlicher Sicht und schließlich ihre Einordnung in die archäologischen Zusammenhänge Mitteleuropas sollen die herausragende Bedeutung des Hochdorfer Fundes dokumentieren.

Fürstengräber in Südwestdeutschland

Die Erforschung der frühkeltischen Fürstengrabhügel in Südwestdeutschland, der Schweiz und in Ostfrankreich hat eine Tradition, die über 100 Jahre zurückreicht. Schon in der ersten, besonders aber der zweiten Hälfte des vorigen Jahrhunderts wurden zahlreiche Grabhügel nach Funden durchwühlt, um die neuentstehenden Altertumssammlungen zu füllen. Den damaligen Ausgräbern kam es vor allem darauf an, ohne großen Kostenaufwand, d. h. in verhältnismäßig kurzer Zeit, möglichst viel zu finden. Am einfachsten war dies in der Mitte von Grabhügeln zu bewerkstelligen, die weder allzu klein – weil dann nur bescheidene Beigaben zu erwarten waren – noch zu groß sein durften, da zuviel Erde bewegt werden mußte, bevor man eventuelle Erfolge sah. Manche Großgrabhügel waren sicherlich auch zu mächtig, als daß sie überhaupt als künstliche Erdaufschüttungen erkannt worden wären. So wurden die ersten Fürstengräber Südwestdeutschlands auch nicht im Verlauf solcher Grabungen, sondern eher zufällig bei Meliorationsarbeiten entdeckt – so etwa die Grabhügel im Talhau bei der Heuneburg, die 1876 die ersten Goldfunde lieferten. Und auch als kurz darauf im Jahr 1877 im Römerhügel bei Ludwigsburg zwei Grabkammern mit reichen Funden angeschnitten wurden, geschah dies nicht während einer Ausgrabung, sondern beim Einbau eines Wasserbehälters in den Grabhügel. Als dann 1879 der erste Großgrabhügel, das Kleinaspergle, ausgegraben wurde, erfolgte dies im Untertagebau, war doch der Ausgräber Oscar Fraas Geologe. Er erhoffte sich durch die Grabungsweise im Stollenbau schnellen Erfolg, den er

dann auch prompt hatte. Die Abgrabung der drei Hügel im Talhau bei der Heuneburg wurde zwar vom Landeskonservator Eduard Paulus beaufsichtigt, doch ist unklar, wie intensiv er dies tat. Jedenfalls gibt es zu diesen Funden kaum Beobachtungen und Aufzeichnungen zum Aufbau der Hügel und zur Anlage der Gräber oder etwa zeichnerische Grabaufnahmen. Bei der Auswertung dieser Funde mußten deshalb viele Fragen offenbleiben. Paulus hat jedoch seine Funde in euphorischen Gedichten geschildert und versucht, sich in das Leben der Damaligen zurückzuversetzen – Ge-

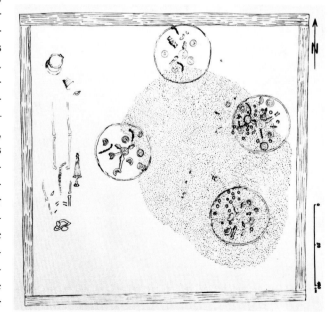

Abb. 1. Ludwigsburg. Plan der Nebenkammer im Römerhügel von 1877. Dargestellt sind die Grundschwellen der Holzkammer, das Skelett mit Goldhalsreif und Dolch, Bronzegeschirre und vier Räder eines Wagens, dabei auch Trensenteile.

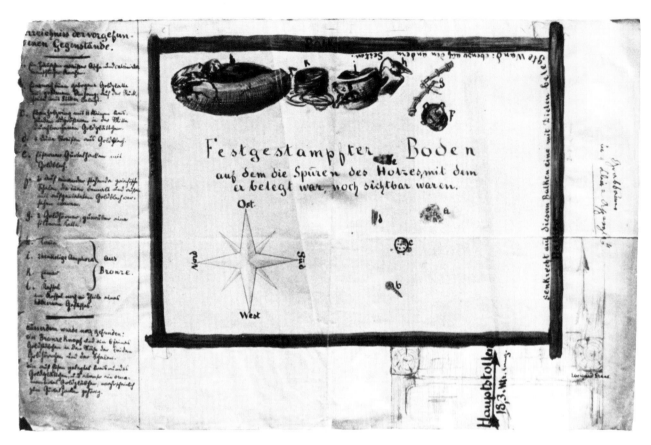

Abb. 2. Asperg. Plan der Nebenkammer im Kleinaspergle von 1879: a) der Leichenbrand und verschiedene Goldgegenstände, an der Kammerwand Bronzegeschirre; f) zwei griechische Schalen; g) zwei Trinkhornbeschläge aus Gold.

dichte, die gerade in unserer sehr nüchternen Zeit in mancher Beziehung durchaus anregend wirken. Dagegen liegen vom Römerhügel bei Ludwigsburg und vom Kleinaspergle Pläne der Grabkammern mit Einzeichnungen der Funde vor, die Oscar Fraas bzw. sein Sohn Eberhard angefertigt hatte (Abb. 1 u. 2).

Auch in Baden wurden die ersten Goldfunde 1859 bei Ihringen zufällig gemacht – man schenkte ihnen wenig Beachtung. Weitere kamen 1880 beim Lehmgraben für eine Ziegelei bei Kappel zutage. Der Direktor der großherzoglichen Sammlungen für Altertums- und Völkerkunde in Karlsruhe, Ernst Wagner, führte daraufhin vom 30. März bis 3. April eine kurze Nachuntersuchung durch. Im November des gleichen Jahres tiefte er in der Mitte des »Heiligenbuck« bei Hügelsheim einen Trichter von 16 m Durchmesser ab, in dem er eine weitgehend beraubte Grabkammer fand. Ein Jahr später untersuchte er einen nur 800 m vom Heiligenbuck entfernt liegenden Hügel bei Söllingen und schließlich 1890, zusammen mit Karl Schumacher, den größten Grabhügel der Westhallstattkultur, den Magdalenenberg bei Villingen. Zunächst wurde durch Probeschnitte geklärt, ob es sich bei diesem Hügel von knapp 120 m Durchmesser überhaupt um eine künstliche Aufschüttung handelte, dann legte man im wesentlichen ebenfalls nur die Hügelmitte mit der fast vollständig ausgerauben Kammer frei. Angesichts der damaligen Zielsetzung muß es sich bei diesem Unternehmen um einen gewaltigen Mißerfolg gehandelt haben! Welche Fülle archäologischer Funde und Informationen ein solcher Hügel aber dennoch enthält, hat die planmäßige und vollständige Untersuchung dieses Grabmonuments gezeigt, die Konrad Spindler von 1970 bis 1973 durchführte. Mit der ersten Grabung im Magdalenenberg brechen dann die Untersuchungen von Fürstengrabhügeln in Baden zunächst für 40 Jahre ab, und auch in Württemberg folgten nur noch einige kleinere Unternehmungen.

Wohl mehr aus Neugier als aus Forscherdrang ließ 1893 der Bürgermeister von Baisingen bei Horb einen etwa 1,2 m breiten Schnitt in den 4 m hohen »Baisinger Bühl« treiben, wobei man eine Ascheschicht und die Bruchstücke eines Bronzekessels beobachtete. Bei einer Besichtigung am 7. Juni 1893 konnte dann Konrad Miller aus der Ascheschicht einen Halsring und einen Armreif aus Gold sowie andere Funde bergen, doch zu einer weiteren Untersuchung des Hügels kam es nicht. Auf eigene Rechnung grub 1896 der bekannte Ausgräber Bauer Johannes Dorn den »Eichbuckel« bei Dußlingen an und fand dort unter anderem einen Halsring und einen Armreif aus Goldblech, die er der Altertümersammlung in Stuttgart für 700 Goldmark verkaufte. Er machte jedoch keine nennenswerten Aufzeichnungen, da sie offenbar kein Geld brachten. Ein Jahr später grub er im Auftrag der Altertümersammlung den »Lehenbühl« bei der Heuneburg an und fand

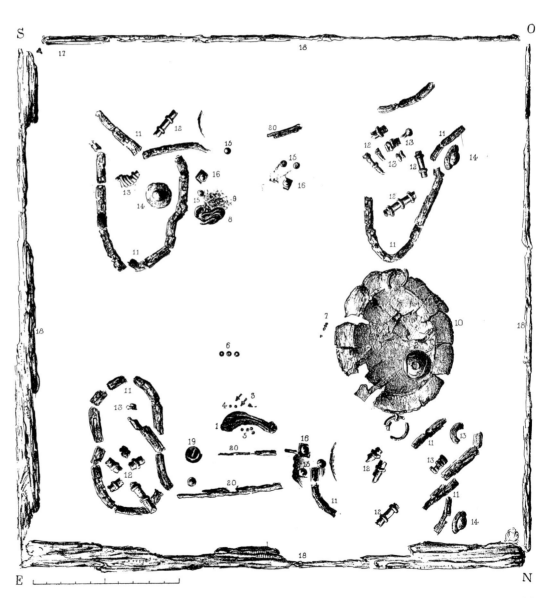

Abb. 3. Apremont in Burgund. Plan von 1879 mit der Holzkammer: 1 Goldhalsring und Bernsteinperlen; 10 Bronzebecken, darin eine Goldschale. Deutlich zu erkennen die vier Räder eines Wagens (nach W. Drack).

eine ausgeraubte Grabkammer, die er zwar auftrags-
gemäß beschrieb, jedoch nicht zeichnete. In der Folge-
zeit wandte er sich dann wieder kleineren Grabhügeln
zu.

Ganz ähnlich lagen die Verhältnisse in Ostfrankreich.
Dort wurde 1845 der wohl größte Hallstatthügel
Frankreichs von La Garenne in Burgund zur Gewin-
nung von Ackerland abgetragen, wobei noch keine
Funde bemerkt wurden. Erst bei einer Nachgrabung
stieß man dann auf eine etwas eingetiefte Grabkammer, die unter anderem einen Bronzekessel mit zugehörigem Dreifuß enthielt. Weitere, recht unsystemati-
sche Grabungen folgten – den ersten Grabplan kennen
wir von einem Hügel bei Apremont, den E. Perron
1879 untersuchte (Abb. 3).

In der Schweiz wurde 1851 beim Sandabbau in einem
Hügel bei Grächwil im Kanton Bern die bekannte
etruskische Bronzehydria gefunden. Zur gleichen Zeit
und etwas später wurden dann verschiedene Großgrabhügel untersucht, doch geschah dies sehr ober-
flächlich und mit Fundangaben, die heute kaum mehr
zu verwerten sind, so daß die Verhältnisse in der
Mittelschweiz auch heute noch kaum durchschaubar
sind.

Insgesamt gesehen wurden – mit rund einem Dutzend
Grabungen – in den Jahren um 1880 besonders viele
Fürstengrabhügel »untersucht«. Damit scheint sich
aber die allgemeine Grabungseuphorie weitgehend ge-
legt zu haben; am Ende des vorigen Jahrhunderts er-
folgten dann nur noch die bereits erwähnten Untersu-
chungen im Magdalenenberg, von Baisingen und
Dußlingen, 1898 eine Grabung durch A. Naef in einem
Hügel von Payerne im Kanton Waadt sowie 1900 in
Corminbœf im Kanton Fribourg durch den bekannten
Abbé Henri Breuil. Schon diese Grabung war jedoch
durch eine Baumaßnahme veranlaßt, denn der Grabhügel scheint erst beim Fundamentaushub für eine
Villa bemerkt worden zu sein.

Die gut 30 Fürstengrabhügel, die im vorigen Jahrhundert ergraben wurden, haben zwar reiches Fundmate-
rial geliefert, doch konnten wegen des Fehlens von
Beobachtungen kaum Schlüsse aus ihnen gezogen werden. Die Ausgräber verzichteten deshalb wohl auch
weitgehend auf die Publikation ihrer Funde: So sind
etwa weder die aus den Hundersinger Fürstengrabhügeln noch die aus dem Römerhügel bei Ludwigsburg
oder aus dem Kleinaspergle bisher zusammenfassend

vorgelegt worden. Auch die zeitliche und kulturelle
Einordnung bereitete zunächst noch Schwierigkeiten.
Man hielt sie anfangs für römisch oder germanisch.
Immerhin hat Eduard Paulus für die reichen Funde
von Hundersingen den Begriff »Fürstengrab« geprägt,
der sich heute weitgehend durchgesetzt hat. Er hat
auch den Zusammenhang dieser Hügel mit der nur
wenig entfernt liegenden Heuneburg schon recht klar
gesehen: »Zweifellos ist gerade die Gegend bei Hundersingen für Grabhügel die bedeutungsvollste unseres
Landes; nirgendwo erheben sich, wie hier, zu beiden
Seiten des breiten Donauthales, in das die nahe Pyra-
mide des Bussenberges majestätisch hineinschaut und
von dessen Rändern bei hellem Himmel die Tiroler-
und Schweizeralpen sichtbar sind, so gewaltige Hügelgräber, – und wir irren wohl nicht, wenn wir die in der
Nähe jener kolossalen Totenmale gelegene ›Heuneburg‹ als einen wichtigen Ausgangspunkt, als das feste
Standlager eines hervorragenden Geschlechtes, vielleicht eines Fürstengeschlechtes, betrachten.« Auch
den Zusammenhang der Hügel bei Ludwigsburg mit
einem Fürstensitz auf dem Hohenasperg hat Paulus
bereits 1878 beschrieben.

Schon bei der Untersuchung des Kleinaspergle zeigte
sich, daß die zentrale Kammer im Hügel – das Grab
des Toten, für den das mächtige Grabmonument aufgeschüttet wurde – ausgeplündert war, eine Beobachtung, die in der Folge immer wieder bestätigt wurde.
Untersuchungen von Hügelzentren, auch wenn sie
mehr oder weniger systematisch durchgeführt wurden,
versprachen deshalb wenig Erfolg. Und Hügel dieser
Größe vollständig zu durchgraben oder abzutragen,
kam für die damalige Zeit wohl nicht in Betracht. Um
die Jahrhundertwende ist deshalb ein fast vollständi-
ges Ende solcher Großgrabhügelgrabungen festzustellen. Zwar wurden immer wieder reiche Gräber entdeckt, doch geschah dies nur durch Zufall oder meist
auch bei Bauarbeiten. Die Zunahme solcher Entdeckungen ist wohl nicht zuletzt der wachsenden Ef-
fektivität der zuständigen Denkmalpflege zu verdanken. So wurde, um nur einige Beispiele anzuführen,
1906 in Zürich-Altenstetten bei Gleisbauarbeiten eine
massive Goldschale entdeckt; im Elsaß wurde 1917 bei
Schanzarbeiten der Wagen von Ohnenheim angeschnitten und dann untersucht. Die beiden Gräber von
Stuttgart-Bad Cannstatt wurden beim Aushub von
Baugruben entdeckt und mußten von Oskar Paret in

Abb. 4. Oscar Paret beim Bergen des Grabes 2 von Stuttgart-Bad Cannstatt am 5. Oktober 1937.

kurzer Zeit geborgen werden. Das erste deckte er am 22. und 23. Oktober 1934, das zweite am 5. Oktober 1937 auf (Abb. 4). Der Hügel von Schlatt im Kreis Freiburg wurde 1933 von einem Schatzgräber angegangen und mußte dann von dem Archäologen Walter Rest untersucht werden. Ähnlich war es beim »Rauhen Lehen« bei Ertingen nahe der Heuneburg, in dem der dortige Bürgermeister aus Neugier graben ließ und prompt fündig wurde. Hier konnte jedoch eine Grabung vermieden werden.

Die bedeutendste und heute noch richtungsweisende Unternehmung dieser Art war jedoch die Untersuchung des Hohmichele bei Hundersingen, die Gustav Riek von 1937 bis zum Ausbruch des Zweiten Weltkriegs durchführte. Mit 80 m Durchmesser, einer Höhe von 13,5 m und einer Aufschüttung um 30 000 m³ Erde ist der Hohmichele einer der größten Grabhügel Mitteleuropas. Es war das erste Mal, daß ein solcher Grabhügel vollständig untersucht werden sollte, ein Vorhaben, das jedoch wegen des Kriegsausbruchs nicht zu Ende geführt werden konnte. Die Notwendigkeit der Untersuchung ergab sich aus politischen Umständen der damaligen Zeit; Gustav Riek hat diese Grabung sicher nicht leichten Herzens begonnen, den Hohmichele jedoch zweifellos vor einem traurigen Schicksal – wahrscheinlich einer Ausplünderung – bewahrt. Sein an Höhlengrabungen geschultes Auge hat in den beiden Grabkammern, die er aufdecken konnte, jede Einzelheit festgehalten – Reste von Holz, Tierfellen, Haaren und Textil, Materialien, die auch genau bestimmt werden konnten. Wieder zeigte sich, daß das Zentralgrab des Hügels schon kurz nach der Grablege geplündert worden war – eine Perlenkette hatten die Grabräuber in ihrem Stollen verloren. Da die Perlen noch aufgefädelt waren, konnten sie noch nicht lange im Boden gelegen haben, als die Grabräuber am Werk waren. In einer seitlich in den Hügel eingebrachten Kammer konnte Riek dann jedoch eine Doppelbestat-

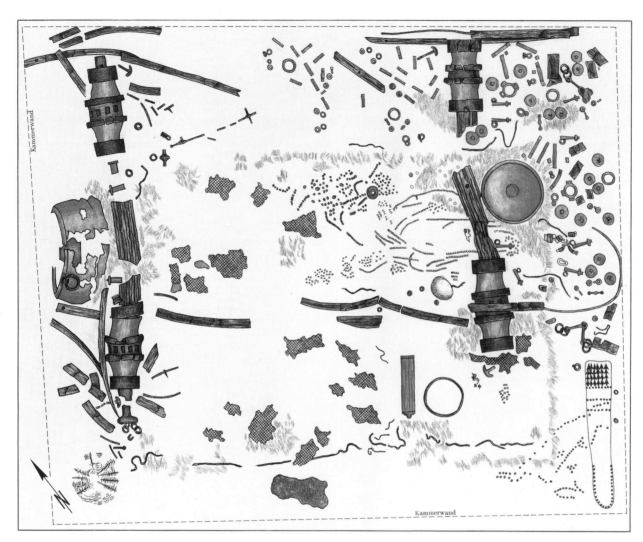

Abb. 5. Heiligkreuztal. Plan der Nebenkammer des Hohmichele mit zwei Bestattungen. Die Skelette sind nicht erhalten. Halsring und Gürtel eines Mannes liegen westlich neben dem Wagen, reicher Schmuck einer Frau unter dem Wagen. Bronzegeschirre, ein Köcher und zahlreiche Teile des Pferdegeschirrs sind deutlich zu erkennen, ebenso Funde aus organischem Material (nach G. Riek).

tung von Mann und Frau mit reichen Beigaben, darunter die Reste eines Wagens, freilegen. Textilien, u. a. farbig gewebte mit Stickereien aus chinesischer Seide, zeigten, wie viele wichtige Dinge bei den früheren Wühlereien verlorengegangen waren (Abb. 5). Riek hat seine Ergebnisse in der ihm eigenen unprätentiösen, klaren und eindringlichen Art vorgelegt und dabei viele Beobachtungen weiterverfolgt. Sein Bericht zeigt deutlich, wie sehr er von seinem Grabungsobjekt gepackt war. Die Untersuchung des Hohmichele und die Publikation der Ergebnisse kann sich in jeder Beziehung mit späteren und heutigen Unternehmungen messen.

Ein spektakuläres Ereignis war dann die Aufdeckung des Grabes von Vix bei Châtillon-sur-Seine in Burgund (Abb. 6). In einem offenbar völlig abgetragenen Grabhügel von 42 m Durchmesser wurde es im Januar 1953 entdeckt und von René Joffroy ausgegraben. Die in einem 3 m tiefen Schacht liegende Grabkammer reichte in das Grundwasser hinunter, so daß sich die Untersuchung recht schwierig gestaltete (Abb. 7). Der berühmte Bronzekrater von 1,64 m Höhe und 208 kg Gewicht ist neben weiteren Bronzegefäßen, griechischer Keramik, einem importierten Goldhalsring und einem Wagen das Prunkstück dieses Grabes. Bei der Bergung waren leider keine weiteren, über die reinen Fundbeschreibungen hinausreichenden Beobachtungen möglich, auch von organischen Materialien wie im Hohmichele oder nun in Hochdorf wird nichts berichtet. Das Grab von Vix gehört an das Ende der Entwicklung der hallstattzeitlichen Fürstengräber und zeigt ihren ganzen Reichtum, der sich hier vor allem in den imposanten Bronzegegenständen aus Etrurien und Griechenland manifestiert.

Nachdem 1950 auf der Heuneburg bei Hundersingen mit großflächigen Ausgrabungen begonnen worden war, die erst 1982 ihren vorläufigen Abschluß gefunden haben, wurden ab 1954 auch die im nahen Talhau liegenden Hügel systematisch untersucht. Von 1954 bis 1963 erforschte Siegwalt Schiek den von Eduard Paulus unberührt gelassenen Hügel 4, dessen Hauptkammer wie üblich ausgeraubt war, und von 1978 bis 1982 wurden auch die Hügel 1 und 2 einer nochmaligen Untersuchung unterzogen.

Einen entscheidenden Anstoß erhielt die Erforschung der Fürstengräber dann durch Hartwig Zürn, der als

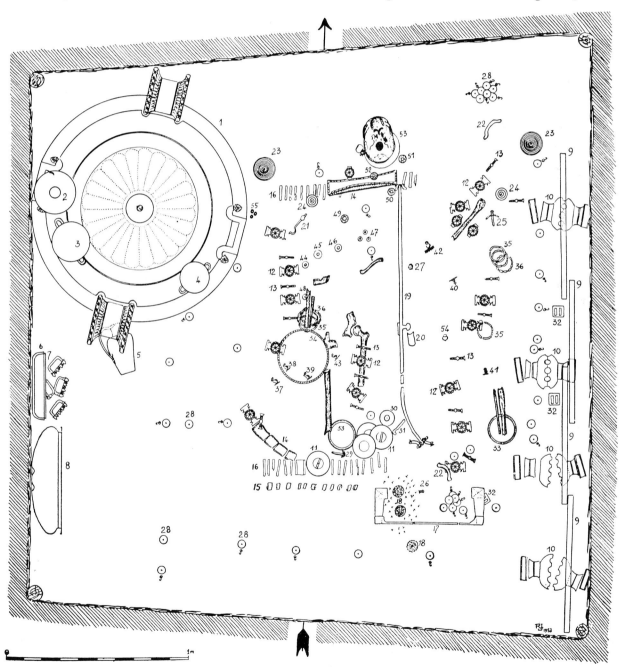

Abb. 6. Vix in Burgund. Plan der Grabkammer. Bei 53 der Schädel des Skeletts mit dem Goldring; die vier Räder des Wagens stehen an der Ostwand der Kammer angelehnt, die übrigen Wagenteile auf dem Skelett, an der Westseite der Kammer die Bronzegeschirre mit dem großen Krater (nach R. Joffroy).

15

Denkmalpfleger in Stuttgart tätig war. Nach der durch Baumaßnahmen notwendig gewordenen Untersuchung einiger Grabhügelfelder gelang ihm 1963 der Fund des berühmten Kriegers von Hirschlanden, der ältesten Vollplastik nördlich der Alpen, die den im Hügel Bestatteten darstellt. 1964/65 untersuchte er dann den am Fuß des Hohenasperg gelegenen »Grafenbühl«, der damals überbaut wurde. Neben 33 Nachbestattungen enthielt der Hügel die wohl am reichsten ausgestattete Grabkammer, die jemals aufgedeckt wurde. Auch sie war jedoch antik beraubt, so daß nur noch Reste ihres ursprünglichen Glanzes erhalten waren. Der Tote war sicherlich mit reichem Goldschmuck ausgestattet gewesen, von dem sich immerhin Reste seiner Kleidung aus Goldbrokat erhalten haben. Mediterrane Holzmöbel mit Schnitzereien aus Bernstein und Elfenbein, ein Bronzekessel mit Dreifuß und kleinere Geräte wie etwa ein Fächergriff aus Elfenbein zeigen, in welchem Maße die hallstättische Fürstenschicht damals schon von südländischer Kultur beeinflußt war.

Als Forschungsgrabung war die nochmalige Untersuchung des Magdalenenbergs bei Villingen durch Konrad Spindler angelegt. Von 1970 bis 1973 grub er den wohl größten Grabhügel Mitteleuropas aus, der immerhin etwa 45 000 m^3 aufgeschüttete Erde aufwies. Der gewaltige Grabhügel enthielt noch 126 Nachbestattungen, vor allem aber haben sich in seiner Aufschüttung die organischen Reste und die aus Eichenbalken gezimmerte Grabkammer vorzüglich erhalten. Die ausgedehnten naturwissenschaftlichen Untersuchungen lassen interessante Schlüsse auf das Aussehen der damaligen Landschaft und auf den Bau des Hügels zu. Vor allem aber erlaubt die Dendrochronologie, die Datierung von Hölzern anhand ihrer Jahrringkurven, weitgehende Aussagen über die Baugeschichte des Hügels und die Beraubungen, und sicherlich wird es auch einmal möglich sein, das Jahr der Bestattung genau festzulegen.

Sicherlich tragen solche großangelegten Untersuchungen wesentlich zur Entwicklung der archäologischen Erkenntnis bei, doch wird man sich angesichts der schnellen Entwicklung naturwissenschaftlicher Methoden heute mehr denn je hüten müssen, solch einmalige Objekte durch eine noch so sorgfältige Grabung für immer zu zerstören. Diese Bedenken befallen auch mich als Ausgräber des Fundes von Hochdorf: Obwohl die Bergung und Restaurierung der Grabfunde mit der gebotenen Gewissenhaftigkeit, ohne großen Zeitdruck und in einer Zeit üppig fließender Geldmittel unternommen werden konnten, werden sich wahrscheinlich trotzdem künftige Forscher, die andere Methoden als wir heute zur Hand haben, die Haare raufen.

Die Literatur zu den Fürstengräbern ist umfangreich, doch gibt es bisher leider keine umfassende wissenschaftliche Bearbeitung dieser Gräbergruppe. Für die einzelnen Gebiete sind vor allem die Arbeiten von René Joffroy in Frankreich, von Walter Drack in der Schweiz und für Südwestdeutschland die Forschungen von Wolfgang Kimmig und Hartwig Zürn zu nennen. Eine Arbeit von Siegwalt Schiek über die südwestdeutschen Fürstengräber blieb leider unveröffentlicht, doch stützen sich auch meine Ausführungen auf sein Werk. In populärwissenschaftlicher Form sind einige Übersichten vorhanden, die aus der Bibliographie ersichtlich sind. Vor allem ein 1983 erschienenes Buch von Konrad Spindler gibt einen umfassenden Überblick, der mit detaillierten Literaturangaben versehen ist, allerdings kaum Abbildungen enthält.

Abb. 7. Die Freilegung des Kraters von Vix durch R. Joffroy.

Die Zeit der frühen Kelten

Das Grab von Hochdorf wurde wohl etwas nach 550 v. Chr. angelegt. Entsprechend der in der Archäologie gebräuchlichen Terminologie gehört es damit in die späte Hallstattzeit oder zur späten Hallstattkultur. Da wir die meisten Namen der vorgeschichtlichen Völker nicht kennen, werden viele archäologisch nachweisbare Kulturen nach den Ortsnamen bedeutender Fundstellen benannt. So hat die Hallstattzeit ihren Namen von einem großen Gräberfeld, das im vorigen Jahrhundert über dem Hallstätter See in Oberösterreich entdeckt und ausgegraben wurde. Sie dauerte nach unserem heutigen Wissen etwa von 750 bis 450 v. Chr. Der folgenden Latènezeit (450 v. Chr. bis zur Römerzeit) hat eine Fundstelle am Neuenburger See in der Schweiz ihren Namen gegeben. Sie umfaßt vor allem die Zeit der keltischen Oppida, der von Cäsar im »Gallischen Krieg« beschriebenen Stadtanlagen, die sich auch in Südwestdeutschland finden. Obwohl sich Hallstatt- und Latènezeit sowohl in der Anlage ihrer Gräber und Siedlungen als auch in ihrem Kunststil deutlich voneinander unterscheiden, bezeichnen wir heute zumindest die späte Hallstattzeit als frühkeltische Zeit. Während man früher die Kelten für fremde Eindringlinge hielt, gegen die die Hallstattbevölkerung ihre Burgen errichtete, wird heute ein fließender Übergang beider Kulturen immer deutlicher. Die meisten Siedlungen gehen bruchlos von einer Kultur zur anderen über, und auch die Wurzeln des typischen Latènekunststils können bis in die Hallstattzeit, vor allem an den weltoffenen Fürstensitzen, zurückverfolgt werden. Durch die griechischen Schriftsteller wird diese Annahme noch gestützt. Hekataios von Milet erwähnt die Kelten um 500 v. Chr., also noch während der späten Hallstattzeit, zum erstenmal, und Herodot schreibt rund 50 Jahre später, daß sie am Ursprung der Donau siedeln. Sicherlich ginge es etwas zu weit, diese Nachricht auf die Heuneburg bei Riedlingen zu beziehen, zumal die antiken geographischen Angaben recht unsicher sind.

Die Hallstattkultur reicht von Ostfrankreich bis nach Ungarn und Slowenien und von den deutschen Mittelgebirgen bis zum Alpenfuß, wobei eine östliche und eine westliche Ausprägung unterschieden wird. Die Verbreitung der Dolche (Abb. 8) zeigt uns die Ausdehnung dieser westlichen Hallstattkultur mit ihren Ausstrahlungen nach Süden und Osten recht gut, die Karte der Fürstengräber (Abb. 9) umschreibt den eigentlichen Bereich des Westhallstattkreises.

Die archäologischen Hinterlassenschaften der Hallstattzeit kennen wir vor allem aus den zahlreichen Grabhügeln Südwestdeutschlands. Nach einer Zählung des Stuttgarter Denkmalpflegers Oskar Paret von 1961 gibt es allein in Württemberg etwa 6700 Grabhügel, doch wird ihre Zahl laufend durch Neufunde, besonders auch durch den Einsatz der Luftbildarchäologie vermehrt. Trotz der zahlreichen Grabungen des 19. Jahrhunderts und der vielen Funde, die heute die Museen füllen, ist unsere Kenntnis der frühkeltischen Kultur noch recht beschränkt. Fast bei jeder modernen Grabung können Beobachtungen gemacht werden und tauchen neue Gesichtspunkte auf, die bisher völlig unbekannt waren. Vor allem aber wissen wir über die

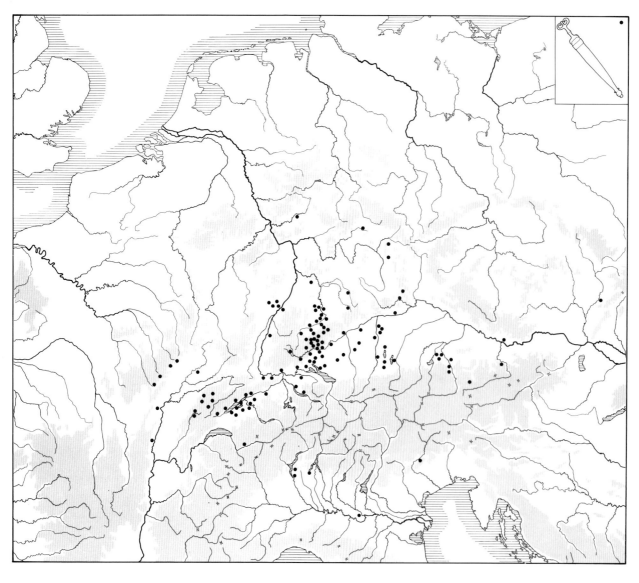

Abb. 8. Verbreitungskarte der Hallstattdolche (nach S. Sievers).

hallstattzeitlichen Siedlungen noch sehr wenig, da bisher keine einzige komplett ausgegraben wurde. Die umfangreichsten Untersuchungen fanden auf der Heuneburg statt, doch können die Befunde dieses Fürstensitzes natürlich nicht auf einfache Siedlungen übertragen werden.

So mag ein kurzer Überblick über unseren Kenntnisstand genügen, der vor allem auf die archäologische Einordnung des Grabes von Hochdorf ausgerichtet sein muß. Ein heute sehr deutlich zu fassendes Phänomen ist die Herausbildung einer differenzierten sozialen Gliederung während der späten Hallstattzeit mit einer reichen »Fürstenschicht« an der Spitze. Zwar gibt es im 7. Jahrhundert v. Chr. auch schon reichere Gräber, die etwa Schwerter mit Goldverzierung, Bronzegefäße und umfangreiche keramische Geschirrsätze enthalten, doch sind diese höchstens als Bestattungen von Dorfhäuptlingen anzusprechen und mit den späteren Fürstengräbern kaum zu vergleichen. Die zugehörigen Siedlungen scheinen außerdem recht klein gewesen zu sein – vielleicht handelt es sich sogar nur um verstreute Einzelhöfe. Eine regionale Gliederung wird vor allem anhand der Keramik deutlich: So setzt sich die reich verzierte Tonware der Schwäbischen Alb und Oberschwabens deutlich von der Bayerns oder der verhältnismäßig schmuckarmen des mittleren Neckar-

☆ = Fürstensitze
▲ = Hallstattzeitliche Fürstengräber
+ = Latènezeitliche Fürstengräber

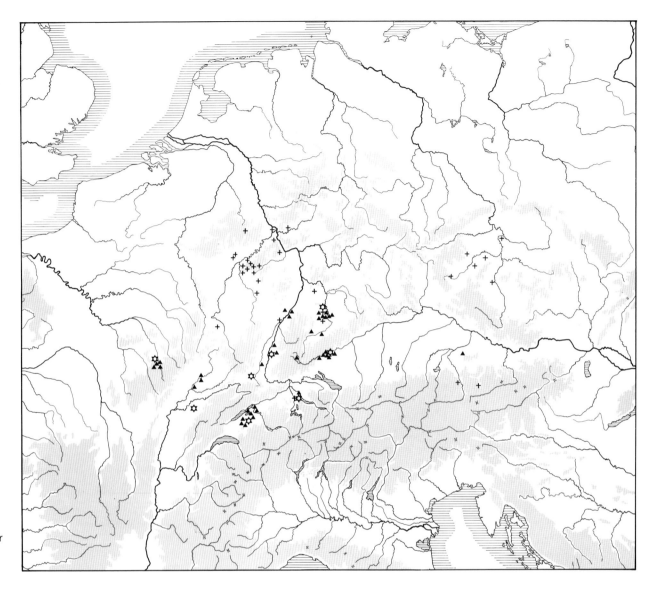

Abb. 9. Karte der Fürstensitze und Fürstengräber der Hallstatt- und Frühlatènezeit.

gebiets ab, während für den Oberrhein bunt bemalte Keramik typisch ist. Diese regionalen Unterscheidungen halten sich auch noch in der späten Hallstattzeit, doch treten hier nun die Bronzen als Grabausstattung deutlich in den Vordergrund. Auch die Bestattungssitte wandelt sich mit Beginn der späten Hallstattzeit. Zwar waren auch schon die älteren Gräber in Grabhügeln angelegt, doch handelt es sich in der Regel um ganz unterschiedlich angelegte Brandgräber: Neben Urnengräbern gibt es Verbrennungsplätze, die durch einen Grabhügel überschüttet sind, oder auch schon Bestattungen in hölzernen Grabkammern. Auffallend ist, daß auch schon in der älteren Zeit Schwertträger unverbrannt beigesetzt wurden. Die Bestattung in Grabhügeln setzt sich in der jüngeren Hallstattzeit fort. Allerdings scheint die ärmste Bevölkerungsschicht in separat angelegten Flachgräberfeldern zu liegen. Verschiedentlich wurden schon solche Friedhöfe beobachtet, in denen die verbrannten Toten in kleinen Gruben mit wenigen Gefäßen beigesetzt sind. Solche armen Gräber können auch zwischen den einzelnen Hügeln eines Grabhügelfeldes angelegt sein, doch handelt es sich bei diesen Bestattungen wohl vorwiegend um Kinder. Abgesehen von diesen arm ausgestatteten Brandgräbern wird in der jüngeren Hallstattzeit nun aber allgemein die Körperbestattung üblich,

19

und die Beigabe von Keramik tritt stark in den Hintergrund. Die Tongeschirrsätze in den älteren Grabkammern sind als Behälter für Getränke und Speisen anzusehen, und ihr Fehlen in den jüngeren Gräbern bedeutet, daß diese Ausstattung nun bedeutungslos wird. Nur in den reicheren Gräbern, so auch im Grab von Hochdorf, finden wir noch Speise- und Trinkservice, doch sind diese nicht mehr aus Ton, sondern aus Metall. Die Bestatteten sind nun in der Regel mit ihrem Schmuck und allen Trachtbestandteilen beigesetzt worden. Vor allem in den Frauengräbern spielen die Schmuckgegenstände aus Bronze eine große Rolle – Kopfschmuck wie Nadeln, Locken- und Ohrringe, Hals-, Arm- und Fußringe, Gürtel mit Bronzeblechbeschlag und die vielfältigen Gewandfibeln. Demgegenüber sind die Männergräber in der Regel sehr viel bescheidener ausgestattet – Eisenlanzen, in reicheren Gräbern auch Dolche neben dem in Männergräbern selteneren Körperschmuck wie Ohr-, Hals-, Arm- oder Leibring und Fibeln. Die Ausstattung eines Grabes muß nicht immer dem tatsächlichen Reichtum oder der sozialen Stellung des Toten entsprechen. Sie kann von Bestattungssitten abhängig sein, ganz abgesehen davon, daß sich in diesen Gräbern in der Regel nur Metallgegenstände erhalten haben, während organisches Material vergangen ist. Immerhin gibt auch die Art der Bestattung Aufschluß über den sozialen Status des Toten. Die Aufschüttung eines eigenen Grabhügels bedeutete auch bei kleineren Grabmonumenten einen Arbeitsaufwand, der nicht für jedermann geleistet wurde, und sicherlich kann man schon aus der Größe des Hügels gewisse Rückschlüsse ziehen. In der späten Hallstattzeit werden jedoch Nachbestattungen in Grabhügeln allgemein üblich – in den fertig aufgeschütteten Erdhügel wurden weitere Tote eingegraben, die in der Regel weniger reich ausgestattet sind als die Primärbestattung. Diejenigen Toten, für die ein eigener Grabhügel aufgeschüttet wurde, gehörten sicherlich zur Oberschicht einer Ansiedlung, während es sich bei den Nachbestattungen um Familien- oder andere Hofangehörige handeln könnte. Die Ausstattung der im Zentralgrab bestatteten Person kann ganz unterschiedlich reich sein und bis zur Mitgabe eines vierrädrigen Wagens, eines Dolches oder anderer Waffen und von Bronzegeschirren reichen. Wenn wir hier auch keine strenge Einteilung in Ausstattungskategorien vornehmen können, so ist eine – allerdings stark vereinfachte – Einteilung in sozial niedriger stehende Nachbestattungen und reichere Zentralgräber sicherlich möglich.

Die Ausmaße einzelner Grabhügel werden in der jüngeren Hallstattzeit gewaltiger, und auch die Ausstattung einzelner Gräber mit Gold, Bronzegeschirren, Wagen und mittelmeerischen Importen verleiht den Bestatteten einen sozialen Rang, wie er in der Vorgeschichte Mitteleuropas nur in einzelnen Fällen im Grabgut zu beobachten ist. Allerdings spiegelt uns hier die Grabsitte sicherlich ein Trugbild vor. Die Bedeutung der so Bestatteten steht außer Zweifel – wir werden gleich darauf zurückkommen –, doch ist nicht zu verkennen, daß diese Prunkausstattungen auf besondere kulturhistorische Zusammenhänge zurückzuführen sind und daß ihr Fehlen in anderen Epochen oder Regionen nicht den Schluß auf das Fehlen einer ähnlichen Oberschicht zuläßt.

Schon Eduard Paulus hat die reichen Gräber bei der Heuneburg, die 1876 und 1877 zutage kamen, als Fürstengräber, die Heuneburg als zugehörigen Fürstensitz bezeichnet. Dieser Begriff war besonders in jüngerer Zeit Gegenstand der Diskussion, und andere Bezeichnungen wie Adels- oder Häuptlingsgrab und Dynastensitz wurden vorgeschlagen. Doch hat sich »Fürstengrab« weitgehend durchgesetzt, da die anderen Begriffe dem mittelalterlichen Recht bzw. der Völkerkunde zu stark verhaftet sind und Familienzugehörigkeiten bisher archäologisch nicht belegbar sind. Der ebenfalls der mittelalterlichen Terminologie entnommene Begriff »Fürst« ist in unserem frühkeltischen Zusammenhang natürlich ohne Prämissen zu behandeln, setzt aber unsere Gräbergruppe recht gut gegen reiche Bestattungen anderer Zeiten und Regionen ab. Ich möchte ihn in unserem Zusammenhang deshalb auf die typischen Prunkgräber der späten Hallstattkultur beschränken. Auch unter diesen gibt es natürlich Unterschiede, ja kaum ein Fürstengrab zeigt die gleiche Anlage und Ausstattung wie ein anderes. Dies beginnt schon bei der Grabanlage selbst. Die Größe der Hügel schwankt zwischen Durchmessern um 100 m und Aufschüttungen von 45 000 m³ wie beim Magdalenenberg bis zu verhältnismäßig kleinen Hügeln mit Durchmessern um 30 m. Auch die Einfassungen der Hügel durch Kreisgräben oder die Steinüberdeckungen des Hügelfußes sind sehr unterschiedlich. Wie bei den einfacheren Gräbern sind die älteren Grabkammern auf der alten Oberfläche, die jüngeren in eingetieften Grabschächten angelegt. Die Grabkammern können durch verschiedenartige Steinabdeckungen geschützt sein, und auch die Bauweisen und Größen der Grabkammern variieren stark. So mißt die größte bisher bekannte Grabkammer im Magdalenenberg bei Villingen 36,5 m^2, die Hochdorfer Kammer 22 m^2, die von Vix in Burgund etwa 9 m^2. Die Kammer im Magdalenenberg wurde mit etwa 2500 m^3 Steinblöcken bedeckt, andere Kammern weisen keinen Grabschutz auf.

Ebenso variabel ist die Ausstattung der Gräber. Die reichsten wie der Grafenbühl, Vix oder Hochdorf enthalten Goldschmuck, Mittelmeerimporte, umfangreiche Bronzegeschirrsätze und aufwendig gebaute Wagen, während die einfacheren, wie etwa die beiden Frauengräber von Esslingen-Sirnau oder Schöckingen, lediglich Schmuck und Tracht aus Gold und Koralle, aber keine Bronzegefäße oder Wagen aufweisen. Hartwig Zürn rechnet sie zusammen mit anderen zu einer »zweiten Garnitur« von Fürstengräbern. Vor allem angelsächsische Autoren versuchen, sie durch Modelle, die aus der Völkerkunde gewonnen sind, zu erklären.

Betrachtet man die Karte der Fürstengräber und der zugehörigen Siedlungen (Abb. 9), so sieht man deutlich, daß sie auf Ostfrankreich, die Nord- und Mittelschweiz und auf Südwestdeutschland beschränkt sind. Eine jüngere Gräbergruppe – reiche Gräber der Frühlatènezeit – liegt nördlich davon und in Böhmen. Auf diese Gräber wollen wir hier nicht eingehen. In Bayern fehlen die Fürstengräber, woran auch die künftige Forschung kaum etwas ändern wird. Zwar gibt es etwa vom Marienberg bei Würzburg schwarzfigurige griechische Scherben und in seiner Umgebung große Hügelgräber, doch fehlen bisher trotz neuerer Grabungen Funde, die es erlauben würden, tatsächlich von Fürstengräbern zu sprechen. Hier scheinen eher Anregungen und Einflüsse aus Südwestdeutschland aufgenommen worden zu sein, ohne daß ein direkter Kontakt zu den Mittelmeerzivilisationen bestand, der für den Fürstengräberkreis vorauszusetzen ist. Ebenso ist auch eine griechische Scherbe vom Ipf bei Bopfingen zusammen mit dem Bruchstück eines importierten Glasgefäßes einzuordnen. Lediglich im Mattigtal nördlich von Salzburg liegt bei Uttendorf eine Gräbergruppe, die stark von Südwestdeutschland geprägt ist und unter anderem einen Goldhalsring enthielt. Wie die Neubearbeitung der Funde durch Markus Egg gezeigt hat, dürfte es sich hier um eine eigenständige Gruppe handeln, die auf der Grundlage des in den Bergwerken bei Hallstatt und Hallein gewonnenen Salzes als Zwischenhändler genügend Reichtum angesammelt hatte, um sich so reiche Grabausstattungen leisten zu können. Der ideelle Anstoß zur Anlage solcher Prunkgräber kam sicherlich aus dem Westen.

Anders als die Gräber der Frühlatènezeit gruppieren sich die der Hallstattzeit deutlich um Zentren – um die zugehörigen Fürstensitze. Wir wollen hier nur zwei davon streifen, da sich ihre Situation mit dem Hohenasperg gut vergleichen läßt. Da ist zunächst der Mont Lassois in Burgund (Abb. 10). Schon von seiner äußeren Gestalt her ist er dem Hohenasperg sehr ähnlich: Als Zeugenberg überragt und dominiert er die leicht hügelige Landschaft um Châtillon-sur-Seine und bietet sich als Fürstensitz geradezu an. Auch seine verkehrsgeographische Lage ist hierfür hervorragend geeignet. Durch die Grabungen Joffroys im Bereich der Befestigung und der 9 ha großen Innenfläche ist dieser Fürstensitz auch archäologisch gut belegt – etwa 70 schwarzfigurige griechische Scherben, Amphoren und andere Importgüter bezeugen einen regen Kontakt mit dem Süden. Hier bietet sich natürlich die östlich der Rhonemündung gelegene griechische Kolonie

Abb. 10. Der Mont Lassois bei Châtillon-sur-Seine in Burgund.

Abb. 11. Die Heuneburg an der oberen Donau.

Massilia (Marseille) an, die um 600 v. Chr. gegründet wurde. Der Mont Lassois war mit Holz-Erde-Mauern befestigt, doch über die Innenbesiedlung wissen wir wenig. Seine Bedeutung scheint er erst im Verlauf der späten Hallstattzeit erlangt zu haben, da die Funde aus der Siedlung und auch die zugehörigen Gräber schon in einen entwickelten Zeitabschnitt gehören. Dies ist beim Hohenasperg ähnlich. Die Besiedlung endet mit der späten Hallstattzeit um 450 v. Chr., da Funde der frühen Latènezeit weder aus der Siedlung noch aus den Gräbern vorliegen. Sie fehlen auch in dem berühmten Grab von Vix, das direkt am Fuß des Berges liegt. Es gehört an das Ende der Hallstattzeit und zeigt, anders als das etwas ältere Grab von Hochdorf, die volle Entwicklung der Südkontakte. Schon der 1,64 m hohe und 208 kg schwere Volutenkrater aus Bronze ist ein einmaliges Stück. Er hat einen Siebdeckel mit einer Frauenfigur aus Silber. Weitere, wohl importierte Bronze- und Silbergeschirre, ein importierter goldener Halsreif, ein vierrädriger bronzegeschmückter Wagen und weitere Funde geben diesem berühmten Grab seine Bedeutung. Die Geschlechtsbestimmung der hier bestatteten Person ist umstritten: Das Grab gilt als die einzige weibliche Bestattung mit Goldhalsring (la princesse de Vix), was jedoch immer wieder in Frage gestellt wurde, obwohl es keinen überzeugenden Grund gibt, an einem Frauengrab zu zweifeln.

Wie bei den übrigen Fürstensitzen liegen die älteren Gräber etwas vom Berg entfernt. Die beiden Hügel von Ste.-Colombe auf dem rechten Seineufer in 3 bzw. 4 km Entfernung sind allerdings schon im vorigen Jahrhundert angegraben und nur unvollständig untersucht worden. Der eine (La Garenne) enthielt einen griechischen Greifenkessel, der um 580 v. Chr. in einer großgriechischen Kolonie Unteritaliens hergestellt wurde. Wie beim Hochdorfer Kessel scheint hier eines der Greifenprotome lokal nachgearbeitet worden zu sein. Der Kessel stand auf einem Stabdreifuß, wie er in Resten auch im Grafenbühl gefunden wurde. Eisenbeschläge eines Wagens und wohl auch Schmuckscheiben aus Eisen vom Wagen oder Zaumzeug sowie Bronzefibeln gehören ebenfalls zu diesem Hügel. Im zweiten Hügel (La Butte) von Ste.-Colombe fanden sich ebenfalls Reste vom Wagen und Zaumzeug, und die bestattete Person trug an beiden Armen breite Goldstulpen sowie zwei goldene Ohrringe. Danach handelt es sich sicherlich um ein Frauengrab. Ein goldener Armreif wurde auch in dem Hügel westlich von Cérilly gefunden, während über ein weiteres Wagengrab am Fuß des Mont Lassois kaum etwas bekannt ist. Ob damit die Zahl der zum Mont Lassois gehörenden Fürstengräber annähernd erfaßt ist oder durch moderne Prospektionsmethoden vergrößert werden könnte, ist nur schwer zu beurteilen.

Der zweite Fürstensitz, den wir hier streifen wollen, ist die Heuneburg bei Hundersingen an der oberen Donau (Abb. 11). Es lohnt sich in unserem Zusammenhang, ihre Geschichte zu verfolgen, obwohl ihre Entwicklung anders verläuft als die des Hohenasperg, doch kann man trotzdem gewisse Verbindungslinien ziehen. Außerdem sind wir bei der Beurteilung der Heuneburg nicht nur auf die Grabfunde angewiesen, sondern können auch auf die großflächigen Untersuchungen der Innenbesiedlung, die seit 1963 durchgeführt wurden, zurückgreifen.

Die über dem weiten Donautal auf einem Terrassenvorsprung liegende Heuneburg bietet sich für die Anlage eines befestigten Fürstensitzes sehr viel weniger an als die übrigen Bergsiedlungen. Wahrscheinlich wurde sie aus verkehrsgeographischen Überlegungen hier gegründet. Die befestigte Fläche umfaßt etwa 3 ha, ist damit gegenüber den anderen Fürstensitzen recht klein (Mont Lassois 9 ha, Hohenasperg 6 ha), doch besitzt die Heuneburg eine Außensiedlung unbekannter Ausdehnung, zu der möglicherweise auch Grabensysteme gehören. Die Heuneburg wird am Beginn der späten Hallstattzeit (um 600 v. Chr.) angelegt und zunächst mit einer in einheimischer Technik gebauten Holz-Erde-Mauer befestigt. Diese Befestigung wird jedoch bald durch eine aus luftgetrockneten Lehmziegeln auf einen Kalksteinsockel gesetzte Wehrmauer mit zahlreichen Bastionen ersetzt, eine mittelmeerische Bauweise, die bisher noch nie nördlich der Alpen beobachtet werden konnte. Zudem scheint die Innenbesiedlung planmäßig angelegt gewesen zu sein, aufgeteilt in funktional getrennte Quartiere – Handwerkerviertel, Wohnquartiere und Vorratsgebiete (Abb. 12). Eine solche architektonische und planerische Leistung dürfte zumindest die Anwesenheit eines mediterranen Baumeisters, wenn nicht noch anderer Personengruppen wie Händler oder Handwerker aus dem Süden voraussetzen. Diese Siedlung bestand längere Zeit, wurde dann jedoch – wie die Außensiedlung – durch Brand zerstört. Die folgenden Siedlungen der Heuneburg mit ihren zugehörigen Befestigungen sind dann wieder in einheimischer Manier angelegt, doch gibt es auch aus dieser Zeit zahlreiche Belege für Südbezie-

Abb. 12. Rekonstruktion der Südostecke der Heuneburg, Periode IV mit der Lehmziegelmauer (nach E. Gersbach).

hungen – die Gußform eines etruskischen Silens zeigt sogar, daß hier mittelmeerische Bronzegefäße nachgegossen wurden. Da es bisher weder aus der Siedlung noch aus den zugehörigen Gräbern der Heuneburg Funde der frühen Latènezeit gibt, dürfte sie um 450 v. Chr. aufgegeben worden sein – allerdings ist diese Frage zur Zeit heiß umstritten.

Die zur Heuneburg gehörenden Grabhügel passen eigentlich recht gut zu dem aus der Siedlung gewonnenen Bild. Die ältesten Hügel, zugleich auch die mächtigsten, liegen am weitesten von der Burg entfernt (Hohmichele, Lehenbühl), der Rauhe Lehen bei Ertingen sogar auf dem jenseitigen Donauufer. Die vier dicht bei der Heuneburg auf den Ruinen der Außensiedlung aufgeschütteten Hügel sind die jüngsten – ja, in der letzten Phase der Burg hat man überhaupt keine Hügel mehr aufgeschüttet, sondern die reichen Gräber als Nachbestattungen in diese Hügel eingebracht. Leider wissen wir über die ältere Gräberschicht wenig, weil ihre Zentralkammern beraubt waren oder die Grabungen schlecht dokumentiert sind. So mag das Fehlen reicher Importgüter und goldener Schmuckbeigaben in diesen älteren Gräbern wohl hierauf zurückzuführen sein. Solche Goldfunde liegen in großer Zahl aus den jüngeren Gräbern bei der Burg vor, wobei allein Hügel 1 vier Goldhalsringe und zwei goldene Armreife enthielt. Die zentrale Kammer dieses Hügels war weniger reich ausgestattet (Beraubung?), die Goldfunde kamen zusammen mit einem Wagen in fünf Nebengräbern zutage. Die 1876 und 1877 unter Eduard Paulus erfolgte Aufdeckung der Hügel 1 bis 3 scheint recht gründlich gewesen zu sein, da bei der Nachuntersuchung der Hügel 1 und 2 von 1978 bis 1982 keine wesentlichen Funde mehr zutage kamen, während sie wertvolle Aufschlüsse über den Aufbau der Hügel ergab. Trotz ihres Goldreichtums sind die jüngeren Gräber der Heuneburg kaum mit denen des Hohenasperg zu vergleichen. Als einzige Importgüter enthielten sie zwei etruskische Perlrandbecken, wie sie etwa auch in dem weitab von den Fürstengräbern gelegenen Hügel von Pürgen in Oberbayern gefunden wurden. Auch der von Siegwalt Schiek untersuchte Hügel 4 enthielt keine Hinweise auf eine entfernt reiche Ausstattung, wie sie trotz gründlicher Beraubung im Grafenbühl bei Asperg festgestellt werden konnte. Wenden wir uns zuletzt dem Hohenasperg zu, zu dem auch das Hochdorfer Grab gehört. Wie der Mont Lassois ein imposanter Zeugenberg, beherrscht er die Landschaft um Ludwigsburg und hat sich wohl zu allen Zeiten als Bergsiedlung angeboten. Er überragt die flach hügelige Landschaft um gut 100 Meter und ist mit einer Gipfelfläche von 6 ha doppelt so groß wie der Burgbereich der Heuneburg (Taf. 1). Allerdings dürften die archäologischen Reste des Hohenasperg durch mittelalterliche und neuzeitliche Überbauung weitgehend beseitigt sein. Auf einem Felsen an der Ostseite des Berges stand eine mittelalterliche Burg, die gegen Westen durch einen mächtigen Graben geschützt war. Später wurde die Stadt Asperg auf den Berg gelegt, deren Belagerung Albrecht Dürer 1519 in einer Reiseskizze festgehalten hat (Abb. 13). Ab 1534 wurde der Hohenasperg dann zu einer mächtigen Landesfestung mit Bastionen, Gräben und Kasematten ausgebaut, die ganz entscheidend in die Substanz der Bergoberfläche eingriffen und auch die Hänge weitgehend mit ihrem Schutt überdeckten. So gibt es vom Hohenasperg kaum Funde. Lediglich einige wenige Scherben der Hallstattzeit, die bei Bauarbeiten gefunden wurden, belegen eine Besiedlung in dieser Zeit. Eine Grabung, die ich 1982 im Innenraum der Festung durchführte, blieb ohne jeden Erfolg. Inzwischen wurde bei intensiver Abbohrung des Berges je-

Abb. 13. Die Belagerung des Hohenasperg im Krieg des Schwäbischen Bundes 1519. Skizze von Albrecht Dürer.

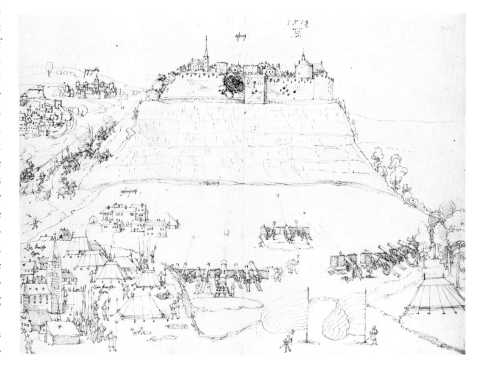

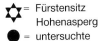

✩ = Fürstensitz Hohenasperg
● = untersuchte Fürstengräber
◐ = noch sichtbare Großgrabhügel
○ = durch Luftbildarchäologie neu entdeckte Großgrabhügel

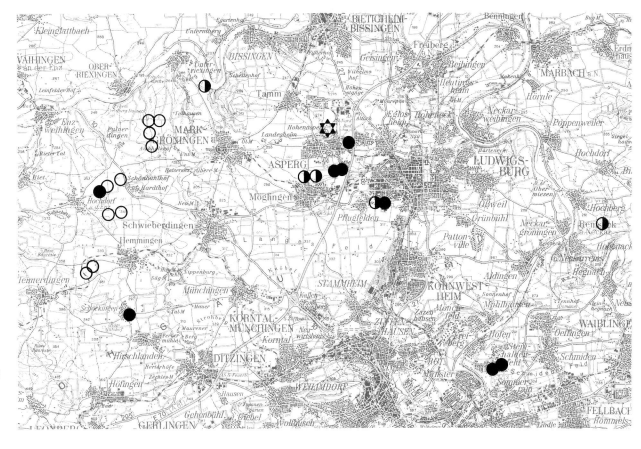

Abb. 14. Der Hohenasperg und die ihn umgebenden Fürstengräber und Großgrabhügel mit einem Durchmesser über 50 Meter.

Abb. 15. Hochdorf. Luftbild nach Abschluß der Grabung von Süden. Am Nordrand der Grabung ist deutlich ein weiterer runder Grabhügel zu sehen. Freigegeben durch RP Stuttgart B 11111 vom 8. 5. 80, O. Braasch.

doch eine Stelle entdeckt, die wohl noch Schichten enthält. Ein Kontrollprofil durch die hallstattzeitlichen Schichten des Hohenasperg ist ein dringendes Desiderat der Forschung.

Die Karte der Großgrabhügel und Fürstengräber um den Hohenasperg (Abb. 14) zeigt gegenüber älteren Kartierungen eine deutliche Zunahme zwischen Markgröningen und Hemmingen, die wir der Luftbildprospektion durch Otto Braasch verdanken. In die Karte, die sich wahrscheinlich auch im Westen ergänzen lassen wird, sind nur Hügel mit einem Durchmesser ab 50 m aufgenommen. Allein auf der Markung Hochdorf wurden vier neue Hügel entdeckt, davon einer direkt neben dem ausgegrabenen Fürstengrabhügel (Abb. 15). Es ist ein etwas kleinerer Hügel, der sicherlich in irgendeiner Beziehung zu ihm steht. Solch kleinere Hügel bei Fürstengrabhügeln können verschiedentlich beobachtet werden (Römerhügel bei Ludwigsburg, Baisingen), doch wurden sie bisher noch nie untersucht. Ein besonders schöner Hügel, der allerdings völlig verflacht ist, liegt zusammen mit einem zweiten südwestlich von Hemmingen. Im Luftbild zeichnet er sich mit einem Durchmesser um 60 Meter und einer steingefüllten Grabgrube deutlich ab, ganz ähnlich dem Hochdorfer Hügel vor der Ausgrabung (Abb. 16). Weitere Großgrabhügel liegen östlich und nördlich von Markgröningen. Nicht verändert hat sich bisher die Feststellung, daß die Fürstengrabhügel – wie übrigens auch bei der Heuneburg – nur südlich des Hohenasperg liegen; nördlich des Berges scheint eine Kulturgrenze zu verlaufen.

Da wir beim Hohenasperg aus den geschilderten Gründen die Besiedlungszeit nur aus den Gräbern erschließen können, ist unsere Erkenntnis natürlich sehr stark vom Forschungsstand abhängig, denn jede neue Grabung kann das Bild entscheidend verändern. Jedenfalls fehlen bisher Gräber, die, wie etwa Hohmichele, Rauher Lehen oder Lehenbühl bei der Heuneburg, an den Beginn der späten Hallstattzeit zu stellen wären. Die ältesten Gräber, Hochdorf und Römerhügel bei Ludwigsburg, gehören schon in einen entwickelten Abschnitt dieser archäologischen Zeitstufe (Beginn Ha D2). Auf das Hochdorfer Grab brauchen wir hier nicht einzugehen, es wäre nur noch die Beziehung dieses Grabes sowie der Hügelgruppe westlich der Glems zum Hohenasperg zu klären. Ein Zusammenhang ist aus verschiedenen Gründen vorhanden. Schon immer wurde darauf verwiesen, daß von den Grabhügeln zum Hohenasperg Sichtverbindung besteht, eine in diesem Gebiet nicht selbstverständliche Feststellung. Sie gilt auch für die neuen Hügel. Die Entfernung von 10 km zwischen Grab und Burg kommt auch in anderen Fällen vor, ja wird weit überschritten. Und schießlich ist kein Beispiel bekannt, bei dem zwei Fürstensitze so dicht beieinanderlägen. Das Hochdorfer Grab mit seiner reichen Ausstattung kann auch keinesfalls einer Fürstenschicht »zweiter Garnitur« zugewiesen werden, die nicht in der Burg selbst zu Hause gewesen wäre. Auf diese Fragen werden wir jedoch noch zurückkommen. Der zweite Hügel am Beginn der Besiedlung des Hohenasperg ist der Römerhügel bei Ludwigsburg. Hier wurde die Zentralkammer nur knapp angeschnitten, doch konnten aus ihr immerhin ein Goldblech, ein sehr qualitätsvoller, mit Bernstein eingelegter Dolchgriff und zwei Bernsteinplättchen, von denen vermutet wird, daß sie von den Intarsien einer Kline stammen, geborgen werden. In

Abb. 16. Hochdorf. Luftbild des Grabhügels von 1968 (Pfeil). Deutlich sind der helle Grabschacht und der Hügel auszumachen.

der Nebenkammer lagen ein vierrädriger Wagen mit Joch und Zaumzeug, ein Goldhalsring, der Goldbeschlag eines Trinkhorns, ein Bronzebecken mit Griffen wie in Hochdorf, ein etruskisches Perlrandbecken, ein Bronzeeimer und ein Dolch. Beide Gräber sind mit dem Hochdorfer ungefähr gleichzeitig, wobei die Nebenkammer sehr viele Ähnlichkeiten mit der Hochdorfer Grabkammer aufweist, allerdings ist sie ungleich weniger reich ausgestattet. Etwas jünger als Hochdorf sind die beiden Gräber von Stuttgart-Bad Cannstatt. Beide enthielten einen Goldhalsring und -armreif, Grab 1 eine Goldschale, zwei Bronzekessel, einen vierrädrigen, mit Bronze beschlagenen Wagen und drei Lanzenspitzen, aber keinen Dolch. In Grab 2 fehlte der Wagen, und auch hier waren statt eines Dolchs zwei Lanzenspitzen mitgegeben worden.

Das weitaus reichste Grab des Hohenasperg dürfte jedoch das im Grafenbühl gewesen sein, das leider in antiker Zeit beraubt wurde. Es liegt am Ostfuß des Berges und gehört an das Ende der Hallstattzeit. In der nordwest-südost-orientierten Grabkammer fand sich das Skelett eines etwa 30jährigen Mannes. Die Grabräuber hatten einiges übersehen, so daß anhand der Funde noch folgende Gegenstände zu identifizieren waren: ein griechisches Kesselgestell und mindestens zwei Bronzekessel, ein eisenbeschlagener Wagen, ein Spiegel- oder Fächergriff aus Elfenbein, eine mit

26

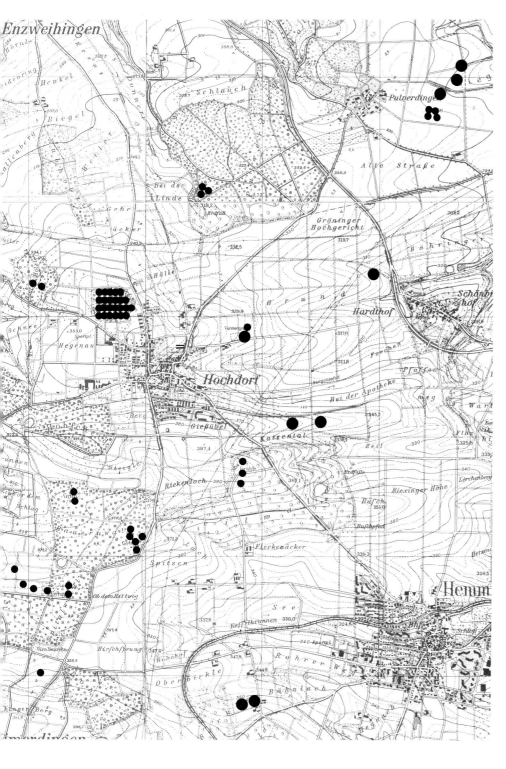

Abb. 17. Hochdorf. Fundkarte der Hallstatt- und Frühlatènezeit mit Grabhügeln, Fürstengrabhügeln sowie Flachgräbern der Frühlatènezeit.

Bernsteinintarsien eingelegte Kline, ein Kasten mit Löwenfüßen aus Elfenbein und Appliken, ein Klappergerät wohl aus Etrurien, Goldbrokat, ein mit Gold belegtes Gürtelblech und zahlreiche andere, nur in kleinen Teilen erhaltene Gegenstände. Der Grafenbühl überrascht durch seine Vielzahl importierter Beigaben, deren Material wegen der Beraubung weitgehend auf Elfenbein, Knochen und Bernstein reduziert ist. Die Austattung des Hochdorfer Grabes kann unsere Phantasie beflügeln, uns die ursprüngliche, glänzende Pracht des Grafenbühl vorzustellen. Als wichtig ist hier festzuhalten, daß der Grafenbühl weitaus mehr Importgüter enthalten hat, die sich nicht nur auf Luxusgüter beschränken, sondern auch kleinere Gegenstände wie Fächer oder Klapper umfassen und eine entsprechende Kenntnis mediterraner Sitten oder Kulte voraussetzen.

Daß der Fürstensitz auf dem Hohenasperg bis in die volle frühe Latènezeit bestand, beweisen einige Gräber, die in diese Zeit zu datieren sind. Die Hauptkammer des Kleinaspergle war völlig ausgeraubt, doch enthielt die Nebenkammer die Asche eines verbrannten Leichnams – eine Sitte, die in frühlatènezeitlichen Fürstengräbern häufiger zu beobachten ist. Zwei goldene Trinkhornenden, zwei rotfigurige griechische Schalen mit einheimischen Goldblechappliken, eine Schnabelkanne, ein Stamnos, ein Bronzeeimer und ein großer Kessel mit Holzschälchen gehören neben verschiedenen Goldarbeiten und Silberkettchen sowie einem Armring aus Gagat zur Grabausstattung. Sie entspricht den Frühlatènefürstengräbern des Hunsrück–Eifel-Gebiets, ist aber im südlichen Bereich keineswegs isoliert. So konnte Hartwig Zürn nur wenig östlich des Kleinaspergle eine 3,8 × 2,5 m große Kammer aufdecken, die weitgehend ausgeraubt war, aber unter anderem noch eine frühlatènezeitliche Perle enthielt. Der Fundort eines Stamnoshenkels bei Fellbach ist zwar nicht vollständig gesichert, doch könnte er auf ein weiteres Fürstengrab der Frühlatènezeit hinweisen, und schließlich sei noch ein mit reich gegossenen Bronzetierfibeln ausgestattetes Frauengrab erwähnt, das 1935 bei Schwieberdingen gefunden wurde. Die Besiedlung des Hohenasperg reicht damit in die frühe Latènezeit hinein und ist deshalb mit dem Üetliberg bei Zürich mit seinem erst 1979 von Walter Drack ergrabenen Fürstengrab der Frühlatènezeit oder dem Camp-de-Château im französischen Jura gut zu vergleichen. Die

27

Bedeutung des Hohenasperg scheint im Verlauf der Hallstattzeit gewachsen zu sein, ganz im Gegensatz zur Heuneburg, bei der die Entwicklung eher gegenläufig ist und früher abbricht. Schon Hartwig Zürn hat vorgebracht, ob nicht der Stammvater der Hohenasperg-Dynastie ein »Heuneburger« gewesen sei. Bei der in den Gräbern manifestierten Macht der Burgherren ist es höchst wahrscheinlich, daß mindestens diese beiden Fürstensitze regen politischen Kontakt hatten, und es wäre durchaus denkbar, daß der Aufstieg des Hohenasperg mit dem Niedergang der Heuneburg zusammenhängt. Eine Machtkonzentration während der späten Hallstattzeit zeichnet sich auch in dem von Grabsitten unabhängigen Siedlungsbild ab. Zu Beginn der späten Hallstattzeit werden in Südwestdeutschland überall Höhenburgen angelegt, die auf die Entstehung einer lokalen Feudalgesellschaft hinweisen. Im Verlauf der späten Hallstattzeit brechen sie mit Ausnahme einiger von den Fürstensitzen etwas abgelegener Punkte ab, sei es durch Gewalt, gemindertem Einfluß und Machtverlust ihrer Herren oder wirtschaftliche Zwänge.

Die Landschaft um Hochdorf am Westrand des Strohgäus ist reich an Grabhügeln (Abb. 17). Die archäologische Karte erweckt den Eindruck einer kleinen, in sich geschlossenen Siedlungskammer. Mit Ausnahme der neu entdeckten Großgrabhügel liegen die kleineren jedoch fast ausnahmslos im Wald. In der weitgehend abgeholzten und intensiv landwirtschaftlich genutzten Landschaft zwischen Hochdorf und dem Hohenasperg haben sich dagegen kaum Hügel erhalten, doch ist auch hier eine entsprechende Grabhügelverbreitung vorauszusetzen. Auf mangelndem Forschungsstand beruht das fast vollständige Fehlen von Siedlungen, denn natürlich gehören zu allen Gräbern auch Dörfer oder Weiler, doch sind diese bisher nicht gefunden worden. Die Karte zeigt aber recht gut, daß bei Hochdorf eine größere und bedeutende Siedlung der Hallstattzeit bestanden haben muß, die auch während der Bauzeit des Fürstengrabhügels bewohnt war. Die noch nicht abgeschlossene pollenanalytische Auswertung eines Moorprofils aus Hochdorf wird hierüber möglicherweise Auskunft geben. Nordwestlich des Ortes liegt im Pfaffenwäldle eine Gruppe von 24 Hügeln, darunter auch recht große mit einem Durchmesser von 26 m und einer Höhe von noch 1,5 m. Elf Hügel wurden 1911 von Freiherr von Tessin geöffnet. Leider gibt

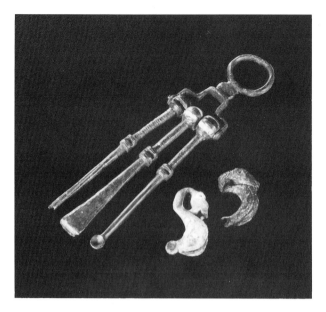

Abb. 18. Hochdorf. Funde aus den Grabhügeln im Pfaffenwäldle. Toilettebesteck (Ohrlöffel, Pinzette und Nagelschneider) und zwei Fibeln.

es über die Grabungen keine brauchbaren Berichte, doch sind die Funde sehr bemerkenswert. Sie beginnen mit der späten Hallstattzeit und setzen sich bis in die frühe Latènezeit fort. Besonders zu erwähnen sind zwei Toilettebestecke – Ohrlöffel, Nagelschneider und Pinzette (Abb. 18) –, die aus Oberitalien oder dem Tessin importiert wurden, eine Perlenkette aus Korallen, die aus dem Mittelmeer stammen, Schmucknadeln mit Bernsteinköpfen, zwei Goldohrringe und daneben der übliche Bronzeschmuck der späten Hallstattzeit. Sehr schön gearbeitet sind auch zwei Frühlatènefibeln in Form eines Vogels bzw. eines Widders (Abb. 18). In die gleiche Zeit ist ein Eisenschwert zu datieren. Wie bei den Gräbern um den Hohenasperg ist auch hier kein Siedlungsabbruch am Ende der Hallstattzeit festzustellen.

Da in der frühen Latènezeit die Bestattungen in Grabhügeln aufgegeben wurden, verlegte man den Friedhof an den Nordrand des heutigen Ortes. Hier konnten 1923 beim Bau eines Hauses zwei Skelettgräber mit einem Paar Bronzearmringen, einer Fibel und einem Tonschälchen geborgen werden. Die zu beiden Friedhöfen gehörende Siedlung ist bisher noch nicht gefunden worden, doch ist sie in der weiteren Umgebung der heutigen Ortschaft zu vermuten. Nach Ausweis der Grabfunde muß es sich um eine bedeutende Siedlung gehandelt haben, deren Bewohner sich importierte Schmuckgegenstände leisten konnten. Die Möglichkeit, daß der im Hochdorfer Fürstengrabhügel Bestattete hier auch gelebt hat, ist nicht ganz von der Hand zu weisen – das nach dem heutigen Kenntnisstand gezeichnete Kartenbild würde eine solche Vermutung eher nahelegen. Doch ist diese Karte, wie schon ausgeführt, mit Unabwägbarkeiten belastet, die beachtet werden müssen. Außerdem ist das Hochdorfer Grab sehr reich ausgestattet und enthält Gegenstände, die man sich eigentlich nur beim »Fürsten« eines Stammesverbandes vorstellen kann. Derzeit sind über solche Fragen jedoch nur Spekulationen möglich.

Daß der Fürstengrabhügel bis 1977 unbekannt blieb, ist eigentlich seltsam, denn er liegt in einem Gebiet, das seit dem 19. Jahrhundert intensiv archäologisch erforscht wurde. Der ehemals mindestens 6 m hohe Hügel ist allerdings im Lauf seiner 2500jährigen Geschichte fast völlig eingeebnet und verflacht (Abb. 19). Der lockere Lößboden, aus dem er hauptsächlich aufgeschüttet wurde, war der Erosion besonders stark ausgesetzt. Der Flurname »Biegel« im Bereich des Hügels belegt jedoch, daß er früher als Hügel wahrgenommen wurde (Biegel-Bühel-Bühl). Eine Zeitlang scheint er auch bewaldet gewesen zu sein, da sich bei der Ausgrabung deutliche Spuren von Dachsbauten fanden und diese Tiere ihre Höhlen nicht im freien Gelände anlegen. Es wäre gut denkbar, daß er als bewaldete Kuppe in der Ackerflur stand, bis der Boden so wertvoll wurde, daß er in sie einbezogen wurde. Zu diesem Zeitpunkt sind dann wohl auch größere Steinmassen abgeräumt worden. Entdeckt wurde der Hügel weniger wegen seiner Form, sondern wegen seiner angepflügten Einbauten aus Steinen, die in dieser steinfreien Landschaft kilometerweit hergeschafft werden müssen. Einer ehrenamtlichen Mitarbeiterin des Landesdenkmalamtes, Renate Leibfried aus Hochdorf, fielen sie schon 1968 auf. Sie war allerdings auf der Suche nach einem römischen Gutshof und brachte sie nicht gleich mit einem Grabhügel in Verbindung, für den sie eigentlich ungewöhnlich sind. Bei einer Begehung am 1. Februar 1977 konnte er dann aber einwandfrei als Großgrabhügel mit Steinkreis identifiziert werden, und mit seiner Größe und der Nähe und Sichtverbindung zum Hohenasperg war auch seine Bedeutung offenkundig. Der Grabhügel mit seiner Grabkammer und dem Aushub des Grabschachtes war bereits auf einem 1968 angefertigten Luftbild des Landesvermessungsamtes sichtbar (Abb. 16), das allerdings erst während der Ausgrabung beachtet wurde. Schon bei der Auffindung des Hügels wurde aber auch klar, daß er durch eine weitere Beackerung sehr stark gefährdet war. So sagte mir der Eigentümer, daß er schon ganze Wagenladungen von Steinen abgefahren hätte. Die ungewöhnlichen Steineinbauten, zu denen damals der Vergleich mit dem Hügel von Hirschlanden nahelag, aber auch die in einem so großen Hügel zu erwartenden zahlreichen Nachbestattungen ließen eine Ausgrabung dringlich erscheinen. Dies wurde dann auch voll und ganz bestätigt. Es wäre damals ohnehin kaum möglich gewesen, den Grabhügel ohne hohe Entschädigungszahlungen oder den Kauf des Geländes der Beackerung zu entziehen und damit zu retten.

Abb. 19. Hochdorf. Der Hügel war vor der Ausgrabung kaum zu erkennen.

Untersuchung und Aufbau des Grabhügels

Der Hügel von Hochdorf liegt 0,65 km NNO der Ortsmitte auf einem Absatz einer nach Osten zum Glemstal abfallenden Geländewelle. Die Stelle ist auf den ersten Blick wenig prägnant, gewinnt aber bei näherer Betrachtung schon dadurch an Gewicht, daß sie von allen Seiten gut sichtbar ist. Das Gelände, auf dem der Hügel errichtet wurde, fällt von Nordwesten nach Südosten zu um etwa zwei Meter ein, so daß der Hügel an einem Hang mit zwei Grad Neigung gebaut wurde. Aus diesem Grund und auch wegen seiner Steineinbauten hat sich das gesamte Grabmonument bei seiner Einebnung verlagert. Der höchste Punkt des Hügels mit einer Höhe von 341,1 m ü. M. liegt nun 21 m nordnordwestlich der ehemaligen Hügelmitte, wo sich die Hügelschüttung im Bereich der massiven Steineinbauten besonders gut erhalten hat, während die Abschwemmung im Südostteil sehr stark war. Hier beträgt der Höhenunterschied vom Hügelfuß zur Hügelmitte 3,6 m, während er im Norden völlig unbedeutend ist. Der antike Hügelfuß liegt wie üblich weit innerhalb des heutigen Fußes der auseinandergeflossenen Kuppe. Der vor der Grabung aufgenommene Höhenschichtlinienplan zeigt diesen Sachverhalt im Vergleich mit dem aufgedeckten Hügel sehr deutlich.

Bei dem zu erwartenden interessanten Befund war es selbstverständlich, daß die gesamte Fläche des Hügels untersucht, d. h. der Rest des Grabhügels vollständig abgegraben werden mußte. Bei der Planung der Grabung wurde der Hügel deshalb mit einem x/y-Koordinatenmeßnetz überzogen, das auf diesen Umstand ausgelegt war. Dieses bei allen modernen Grabungen übliche Meßnetz erlaubt es, jeden Punkt innerhalb der Grabung mit zwei Zahlenwerten genau festzuhalten und durch Ermittlung der absoluten Höhe auch eine dreidimensionale Einmessung vorzunehmen. In der Regel werden solche Einmessungen zentimetergenau durchgeführt. Die Grabung wird im übrigen auf die Landeskoordinaten eingemessen, damit sie auch in überörtliche Kartenwerke eingepaßt und später bei einer eventuellen Nachgrabung wieder exakt aufgefunden werden kann.

Die Ausgrabung wurde am 5. Juni 1978 begonnen. Sie dauerte in diesem Jahr bis zum 30. November und wurde dann 1979 in der Zeit vom 7. Juni bis zum November abgeschlossen. 1982 wurde eine kleine Nachuntersuchung durchgeführt und nach deren Abschluß die Grabungsfläche im Juli von einer amerikanischen Pioniereinheit planiert. Die Untersuchung wurde am Nordrand des Hügels begonnen, um diesen festzulegen und Einblick in den Aufbau des Hügels zu gewinnen. Danach wurden die gesamten Steineinbauten im Nordteil des Hügels freigelegt und untersucht. Gleichzeitig wurde ein 14 m breiter Schnitt über die Hügelmitte gelegt, in dem dann auch das Zentralgrab gefunden und untersucht werden konnte. Daß unerwartet im gesamten Hügelbereich eine umfangreiche jungsteinzeitliche Siedlung der Schussenrieder Kultur mit zahlreichen, bis tief in den anstehenden Boden reichenden Gruben lag, die ebenfalls untersucht wurde, wirkte sich auf die Dauer und die Kosten der Grabung wesentlich aus. Die Untersuchung des Zentralgrabes im Gelände konnte noch vor Einbruch des

Abb. 20. Gesamtplan des Grabhügels. M. ca. 1:300: 1 Zentralgrab; 2 Grabschacht; 3 Aushub des Grabschachts; 4 aus Steinen gesetzter Eingang; 5 Verschluß des Eingangs; 6 Pfostenstellungen um den Hügel; 7 radiale Holzeinbauten; 8 Markierung des Hügelrandes; 9 Steinüberdeckung des Hügelfußes; 10 Balkenlage am Hügelfuß; 11 Feuerstelle; 12 Gruben mit Werkstattresten.

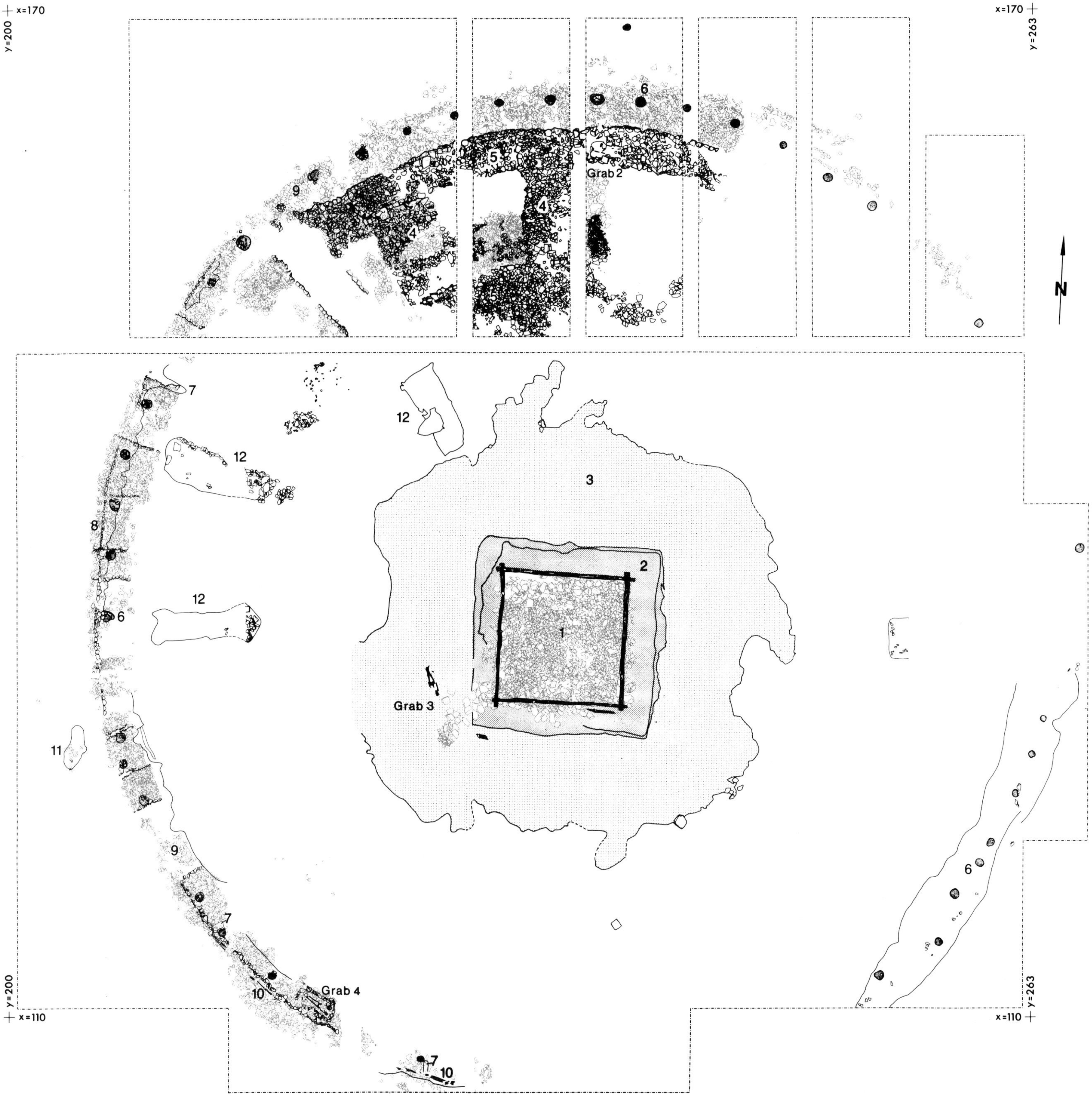

x=170
y=200

x=170
y=263

N

Grab 2

5

4

4

9

6

6

7

12

12

3

2

8

1

12

6

Grab 3

11

9

7

10

Grab 4

6

y=200

y=263

x=110

x=110

7

10

Winters 1978 abgeschlossen werden, während 1979 vor allem die noch fehlenden Hügelflächen im Westen und Osten erforscht wurden. Die ausgegrabene Fläche ist 3400 m² groß, so daß rund 5000 m³ Erde bewegt werden mußten. Die Kosten der Grabung im Gelände betrugen etwa 440 000 DM. Zwar wirkte sich die starke Einebnung des Grabhügels auf Grabungszeit und -dauer natürlich günstig aus, doch wird die Interpretation des Grabungsplans und damit auch die Rekonstruktion des Aufschüttungsvorgangs und des ehemaligen Aussehens des Hügels durch seine schlechte Erhaltung stark eingeschränkt, so daß einige Fragen offenbleiben müssen.

Schon ein erster Blick auf den Grabhügelplan (Abb. 20) zeigt, daß die Einfassung des Hügels in der gesamten Südosthälfte fehlt, d. h. daß sie aberodiert und ausgepflügt ist. Die Abtragung ist hier so stark, daß sie noch unter die keltische Oberfläche reicht. Auch die Steineinbauten im Nord- und Westteil des Hügels sind durch Abtragung stark gestört. Im Zentrum des Hügels liegen zwei Holzkammern in einem 11 × 11 m großen und bis zu 2,4 m tiefen Grabschacht. Der Aushub dieser Baugrube umgibt als ringförmiger Wall die Grabanlage. In seinem Nordteil hat der Hügel massive Steineinbauten und wird von einer Steinsetzung und einem Kranz aus Holzpfosten eingefaßt. Im Nordwestteil des Hügels sind in radialer Richtung drei längliche Gruben in die Hügelschüttung eingetieft worden. Ich will hier den Bestattungs- bzw. Aufschüttungsvorgang so weit schildern, wie dies nach dem Grabungsbefund möglich ist, wobei häufiger auf Beobachtungen verwiesen werden muß, die erst mit der wissenschaftlichen Publikation des Hügels vorgelegt werden können.

Auf der alten Oberfläche, auf die der Hügel geschüttet wurde, hatten sich zahlreiche Pflanzenabdrücke erhalten, deren botanische Auswertung durch Udelgard Körber-Grohne ergeben hat, daß hier vor dem Bau des Hügels ein offenes Land mit krautiger Vegetation war, in das auch Baumblätter eingeweht wurden. Solche Verhältnisse finden sich oft in der Nähe von Siedlungen. Dies bestätigt andere Untersuchungen, die gezeigt haben, daß Grabhügel im offenen Land und nicht in Wäldern oder gerodeten Lichtungen angelegt wurden. Die Konstruktion eines Grabhügels mit seiner überschütteten Grabkammer ohne Zugang läßt es nicht zu, mit dem Bau oder gar der Fertigstellung eines solchen Grabmonuments schon vor dem Tod der zu bestattenden Person zu beginnen, wie dies etwa bei den Pyramiden der Fall war. Beim Tod des Keltenfürsten hat man also wohl zunächst einen Platz für den Grabhügel ausgesucht und eine Anzahl Handwerker und Arbeiter für den Bau des Hügels, die Anlage des Grabes mit seinen Holzeinbauten, die Herstellung von Grabbeigaben und wohl auch für die Versorgung der Leiche ausgewählt. Auf den Toten selbst und seine Grabbeigaben werden wir später ausführlich zurückkommen und uns hier nur auf die Beschreibung des Hügels und der Grabkammern beschränken. Sicherlich wurde der Platz schon vor dem Abtiefen der Grabgrube abgesteckt und die spätere Größe des Erdhügels wenigstens ungefähr festgelegt. Schon vor dem Bau der Grabgrube hat man Eichenstämme geschlagen und sie zum Bestattungsplatz gebracht, damit die Zimmerleute mit dem Bau der beiden Kammern beginnen konnten. Unter dem Aushub der Grabgrube fanden sich zahlreiche große Holzstücke und -splitter, die sicherlich vom Behauen dieser Stämme stammen. Dann wurde die quadratische Grabgrube von 11 × 11 m Größe bis zu 2,4 m Tiefe ausgehoben. Dabei legte man die Sohle der Grabgrube seltsamerweise nicht eben an, sondern dem nach Südosten abfallenden Gelände folgend, so daß sie in dieser Richtung 60 cm Höhenunterschied aufweist. Dies bewirkte natürlich auch, daß beide Holzkammern schief standen und der Boden der inneren Grabkammer ein Gefälle von 26 cm hatte. Sie wurde, wie in der Hallstattzeit vorwiegend üblich, nord-südlich orientiert und weicht von dieser Richtung nur um wenige Grad ab. Mit Grabhölzern und Körben, wie sie uns aus dem Magdalenenberg erhalten sind, wurde die Grube ausgehoben und der Aushub ringförmig um die ausgehobene Grube geschüttet. Dieser Aushub bestand zum größten Teil aus gelbem Löß, der teilweise mit jungsteinzeitlichen Siedlungsresten durchsetzt war; in den Profilschnitten zeichnet er sich sehr deutlich ab. Solch ein ringförmiger Grabaushub wurde beispielsweise beim Hügel 4 der Heuneburg und auch bei kleineren Schachtgräbern in »normalen« Hügeln beobachtet.

Die Tatsache, daß der Grabgrubenaushub einfach um den Grabschacht aufgehäuft wurde, zeigt im übrigen, daß schon zu diesem Zeitpunkt geplant war, den Hügel vor den Bestattungsfeierlichkeiten so weit aufzuschütten, daß mindestens die Krone dieses Aushubs erreicht war. Zunächst wird man jedoch wohl die höl-

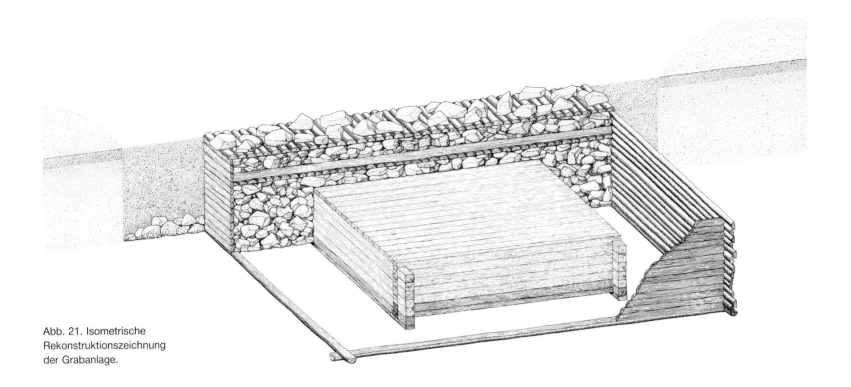

Abb. 21. Isometrische Rekonstruktionszeichnung der Grabanlage.

zernen Grabkammern gezimmert und im Grabschacht aufgebaut haben. Das Hochdorfer Grab war nämlich nicht, wie offenbar sonst üblich, in einer einfachen Grabkammer angelegt worden, sondern diese Kammer ist von einer zweiten, weitaus größeren eingefaßt (Abb. 21). Sie ist aus langen Eichenhälblingen gezimmert und bildet eine Einfassung von 7,4 × 7,5 m Größe, die die innere, eigentliche Grabkammer umgibt. Der Zwischenraum war mit Steinblöcken gefüllt. Die innere Kammer war quadratisch mit einer inneren Seitenlänge von 4,7 m und hatte damit eine Grundfläche von 22 m^2. Nur ihre Grundschwellen aus gezimmerten Eichenbalken, die an den Ecken in Blockbautechnik gefugt waren, haben sich abgedrückt (Taf. 2a). Die Höhe der Kammer ist nicht mehr genau zu erschließen – sie beträgt nach den Profilen mindestens einen Meter, wesentlich höher war sie mit Sicherheit nicht. Auf Abbildung 21 wurde sie mit einer Höhe von 1,2 m gezeichnet. Auch die genaue Bauweise des flachen Daches kann nicht angegeben werden – es bestand aus Eichenbalken oder -brettern. Der Boden der Kammer ist mit etwa 3 cm starken Brettern ausgelegt. Mit ihrer Anbringung wurde an der Westwand begonnen; da sie jedoch recht ungleichmäßig breit waren, gerieten sie immer schiefer, so daß an der Ostwand ein schräg geschnittenes Brett eingesetzt werden mußte. Sicherlich war die Hochdorfer Kammer sehr viel nachlässiger gezimmert als etwa die phantastisch gearbeitete des Magdalenenbergs, doch ist so etwas in einer Rekonstruktionszeichnung nur schwer darzustellen. Die freitragend gelegte Kammerdecke war nicht von Pfosten abgestützt, wie dies in anderen Kammern beobachtet wurde. Nach der Schließung der Kammer wurde sie mit Steinpackungen überdeckt, in die ein zweifacher Holzdurchschuß in wechselnder Richtung gelegt war; über einer weiteren Steinlage wurde dann eine Decke aus flach gelegten Hälblingen angebracht, die auf der westlichen und östlichen Wand der äußeren Kammer aufliegt und sich dort deutlich abgedrückt hat. Diese komplizierte Grabanlage, zu der es bisher keine Vergleiche gibt, sollte Grabräuber von den reichen Beigaben aus Gold und Bronze fernhalten – die Kammer war von mindestens 50 Tonnen Steinblöcken und Holzeinbauten nach oben und allen Seiten geschützt wie ein Tresor. So ist das Hochdorfer Grab eine der wenigen Zentralkammern, die sich unberaubt bis in unsere Zeit erhalten haben. Fast alle anderen, die bisher untersucht wurden, sind schon in

Abb. 22. Rekonstruktionszeichnung des Hügels kurz vor der Bestattung. Der Primärhügel mit offener Grabkammer und Steineingang. Am Hügelrand Werkstätten.

antiker Zeit bald nach der Bestattung ausgeraubt worden. Durch Trichter, die in die Hügelmitte eingebracht wurden, oder aber durch enge Stollen, die seitlich in die Hügel getrieben wurden, drangen die Grabräuber zu der noch nicht zusammengebrochenen Grabkammer vor, durchschlugen die Holzdecke und zerlegten die großen Fundgegenstände, um sie an die Oberfläche zu bringen. Hierbei übersahen sie viele Kleinteile – die Restfunde, die bei heutigen Ausgrabungen, wie etwa im Grafenbühl, noch sensationelle Entdeckungen ermöglichen.

Doch kehren wir wieder zu unserem Bestattungsvorgang, der noch offenen Grabkammer, zurück. Sie lag längere Zeit – mindestens etwa vier Wochen – offen, da auf der Sohle des Grabschachtes Reste pflanzlichen Bewuchses festgestellt wurden: Es kann sich um heruntergeworfene Pflanzen, etwa Gras, handeln, doch auch auf dem Aushub hatte sich pflanzlicher Bewuchs in Metalloxyd umgesetzt. Der Leichnam mußte während dieser Zeit konserviert werden; daß er schon vor der Bestattung aufgebahrt und geschmückt wurde, erscheint zweifelhaft. Ein Teil der Grabausstattung wurde nämlich zu dieser Zeit neben dem Grab hergestellt, wie durch verschiedene Beobachtungen belegt werden kann.

Nach dem Bau der Holzkammern hat man, noch vor

Abb. 23. Bernstein mit runden Bearbeitungsspuren. Abfall aus den Werkstätten beim Hügel. Länge 1,7 cm.

der Bestattung, im Nordteil des zukünftigen Hügels mit der Aufschüttung begonnen. Zu diesem Zweck hat man außerhalb der geplanten Hügelfläche den Humus mit dem Pflanzenbewuchs abgestochen und vor allem nördlich der Grabkammer aufgeschüttet. Die einzelnen abgestochenen Grassoden mit ihrem in Metalloxid umgesetzten Bewuchs waren bei der Ausgrabung noch deutlich zu erkennen (Taf. 2b). Die Grabkammer wurde ebenfalls mit Grassoden überdeckt, ein Beleg dafür, daß die erste, vor der Bestattung erfolgte Hügelaufschüttung nur aus Grassoden bestand. Später, bei der weiteren Aufschüttung, hat man dann tiefer gegraben und auch den braunen Unterboden und schließlich den anstehenden gelben Löß um den Hügel herum

Abb. 24. Goldhalbfabrikat aus den Werkstätten beim Grabhügel. Länge 3,3 cm.

zur Aufschüttung abgegraben. Am Nordrand dieser aus Grassoden aufgeschichteten Erhöhung, die wohl etwas unregelmäßig war und einen Durchmesser von etwa 40 m bei einer Höhe von maximal 1,5 m hatte, baute man dann einen Eingang aus Steinen: Auf 27 m Länge wurde eine kompakte Mauer von 2,5 m Breite und 0,6 m erhaltener Höhe mit zwei radial zum Zentrum weisenden Steinsetzungen errichtet, die einen Eingang von 6 m Breite offenließen. Steinsplit auf der alten Oberfläche zeigt deutlich, daß hier die Steine abgeladen wurden. Es handelt sich um meist größere Muschelkalkblöcke, teilweise auch um eiszeitliche Gerölle der Enz aus Buntsandstein, die aus Entfernungen von mindestens drei Kilometern angefahren werden mußten. Es entstand also eine etwa 40 m breite, 1,5 m hohe Aufschüttung, in deren Südteil die offene Grabkammer in ihrem Schacht, im Nordteil der für die Bestattungsfeierlichkeiten hergerichtete Eingang vorbereitet war (Abb. 22).

Außerhalb des zukünftigen Hügels stellte man unterdessen einen Teil der Grabausstattung her. In drei radial angelegten Gruben, die in den in diesem Bereich schon 50 cm hoch aufgeschütteten Hügel eingegraben sind, sowie auch schon in dem zuerst aufgeschütteten Teil aus Grassoden und in den Grassoden über der Grabkammer fanden sich Asche, verbrannte Steine, Schlacken, Scherben, Werkzeuge, Gußtropfen, Halbfabrikate aus Bronze und Gold, Altmaterial, das zum Teil angeschmolzen war (Taf. 2c), und bearbeiteter Bernsteinabfall (Abb. 23), wohl von der Herstellung der im Grab gefundenen Bernsteinperlen. Beachtenswert ist vor allem das Halbfabrikat aus Gold (Abb. 24). Es sollte wohl ein Draht hergestellt werden. Diese Funde sind bereits ein Hinweis darauf, daß hier neben dem Hügel Gegenstände aus Gold, Bronze, Bernstein, wahrscheinlich auch aus Eisen hergestellt worden sind. Ein Teil dieser Werkstattreste ist schon beim Aufschütten des »Primärhügels« wohl eher zufällig eingebracht worden; nach der Bestattung hat man dann schließlich die konzentrierten Reste in den drei radial angelegten Gruben im Hügel (Abb. 20, Nr. 12) vergraben. Es ist möglich, daß das Material zur Herstellung des Totenguts geweiht war und im Hügel mit vergraben wurde, um es nicht zu profanieren. Solche Werkstattreste sind natürlich außerordentlich interessant, gelingt es doch höchst selten, größere zusammenhängende Funde dieser Art zu bergen. Die Werkstätten selbst wurden nicht ergraben. Sie lagen nahe beim Grabhügel, und ihre Standorte – nach der Verteilung der Werkstattfunde im Hügel am Nord- oder Nordnordwestrand zu suchen – sind dann bei der Entnahme des Aufschüttungsmaterials abgegraben worden, so daß es wahrscheinlich gar nicht möglich sein dürfte, sie zu finden.

Der Bestattungsplatz war nun hergerichtet, die für die Ausschmückung der Leiche und des Grabes notwendigen Gegenstände hergestellt und beschafft. Nun wurde wohl der Leichnam zum Grabhügel gebracht und für die Bestattungsfeierlichkeiten vorbereitet. Dies geschah offenbar in aller Eile – beispielsweise hat man ihm seine mit Goldblech verzierten Schuhe falsch angezogen.

Über die Leichenfeier selbst wissen wir nichts – archäologische Spuren hat sie nicht hinterlassen, so daß es müßig ist, darüber zu spekulieren. Im Hochdorfer Grab sind allerdings schon viele südliche Elemente enthalten. Neben dem aus Unteritalien importierten Bronzekessel sind es deutliche Einflüsse im Bestattungsbrauch, auf die wir noch zurückkommen werden – die Aufbahrung des Toten auf einer Kline und seine Ausschmückung mit Gold entsprechen südlichem Vorbild; es wäre also durchaus möglich, daß auch für die Bestattungsfeierlichkeiten südliche Bräuche übernommen wurden. In diese Richtung weist auch das verzierte Totenbett mit den Darstellungen von Wagenfahrten und Schwerttänzen (Abb. 54), die an die von Homer beschriebenen Totenspiele mit Wagenrennen und Kämpfen nach der Beisetzung des Patroklos vor Troja denken lassen. Der Tote von Hochdorf wurde unverbrannt beigesetzt, während im Süden allgemein die Verbrennung üblich war. In diesem Zusammenhang ist erwähnenswert, daß die spätesten Fürstengräber des Westhallstattkreises, die schon mit Frühlatènebeigaben ausgestattet wurden, Brandgräber sind – Kleinaspergle, Sonnenbühl bei Zürich und La Motte St.-Valentin in Ostfrankreich. Wir können allerdings nur vermuten, daß es sich bei den Darstellungen auf der Hochdorfer Kline um Totenspiele oder -rituale handelt, und es ist auch nicht sicher, ob dieser Gegenstand im Hallstattbereich hergestellt wurde.

Jedenfalls wurde der geschmückte Leichnam auf seiner 2,75 m langen Bronzeliege mit den übrigen Beigaben in die mit Tüchern ausgelegte und behängte Grabkammer gebracht, die sogar mit Blumen und

Abb. 27. Rekonstruktionszeichnung des Grabhügels nach Schließung der Kammer.

◁ Abb. 25. Die heruntergebrochene Steinüberdeckung im Grabschacht. Die eigentliche Grabkammer zeichnet sich in der Mitte ab.

◁ Abb. 26. Der Nordteil des Grabhügels mit den freigelegten Steineinbauten (vgl. Abb. 20.4,5).

Zweigen dekoriert war. Dann wurde das Grab verschlossen und sicherlich möglichst schnell mit der anfangs geschilderten Stein- und Holzüberdeckung geschützt (Abb. 21 u. 25). Nun hat man auch den Eingang im Norden des Hügels mit Steinen zugesetzt und die beiden nach innen weisenden Steinsetzungen mit einer 8 m hinter der Außenfront liegenden Mauer verschlossen, die noch bis zu drei Steinlagen hoch erhalten war (Abb. 20, Nr. 5 u. 26). Sie lag hier, im am besten erhaltenen Hügelteil, schon im Pflugbereich, so daß nicht auszuschließen ist, daß sie einmal den gesamten »Primärhügel« umgeben hat. Nun beseitigte man auch die Werkstattreste in den radial angelegten Gruben. Erst jetzt begann die eigentliche Aufschüttung des Hügels (Abb. 27). Das Material wurde ringförmig abgegraben, so daß der fertige Hügel von einer mehr als 1 m tiefen und 25–30 m breiten Senke umgeben war. Ihre Außengrenze konnte nicht ausgegraben werden, doch wurde sie durch Bohrungen und bodenkundliche Untersuchungen auf allen Seiten nachgewiesen. Wie die Profilschnitte zeigen, erfolgte die Aufschüttung des Hügels nicht regelmäßig, sondern man hat wohl auf festgetrampelten Pfaden die Erde auf den Hügel gebracht und dann rechts und links aufgeschüttet, so daß radiale Rippen entstanden, die dann ihrerseits wieder überschüttet wurden, als der Hügel in

Abb. 28. Der Steinkreis am Südwestrand des Grabhügels.

die Höhe wuchs. Seine genaue Höhe ist schwer anzugeben. Sie dürfte aufgrund verschiedener Überlegungen bei 6 m gelegen haben. Die locker aufgeschüttete Erde, die sich wohl nach kurzer Zeit zu setzen begann, wurde am Rand gegen ein allzu schnelles Abfließen gesichert. Der Hügelfuß wurde durch Steinsetzungen überdeckt (Abb. 28), in die man steinverkeilte, radial gelegte Balken einbrachte. Auch entlang des Außenfußes dieser Steinüberdeckung wurden zumindest am Südwestrand Eichenbalken gelegt, die dort angebrannt sind und deshalb in verkohltem Zustand zu erkennen waren. Außerdem hat man den Hügel mit behauenen Eichenpfosten eingefaßt, die bis zu einem Meter tief eingegraben und mit Steinen verkeilt wurden. Sie sitzen nur im Nordteil regelmäßig mit einem Abstand von 3 m zueinander. Hier wurde auch die senkrechte Mauer des Eingangs mit einem Steinwall überschüttet und verdeckt, um die Kreisform des Hügels zu wahren. Aufgrund der vielen Steineinbauten des Hochdorfer Hügels ist auch eine Steinstele anzunehmen, doch wurde sie, falls sie sich überhaupt erhalten hat, bisher nicht gefunden. Falls sie vom Hügel gerollt ist, müßte sie eigentlich irgendwo in der den Hügel umgebenden Senke zu finden sein. Die den Hügel einfassenden Holzpfosten sind sicherlich nicht nur zur Verfestigung des Hügelfußes, etwa zur Verankerung der radialen Holzbalken, eingebracht worden. Bei ihrer tiefen Fundamentierung ist anzunehmen, daß sie weit aus dem Boden geragt haben und eventuell auch Gegenstände trugen. Man könnte hier an die skythischen Kurgane denken, um die auf Holzgestelle gesteckte Pferde aufgestellt waren, wie es Herodot so anschaulich beschreibt. Die Bauzeit des Hügels dürfte nach Berechnungen, die Konrad Spindler aufgrund dendrochronologischer Angaben angestellt hat, im Bereich von fünf Jahren liegen. Der fertige Grabhügel war jedenfalls ein eindrucksvolles Grabmonument, das die Macht des Hochdorfer Fürsten eindringlich vor Augen führte (Abb. 29).

Die Luftbildarchäologie hat gezeigt, daß die Fürstengrabhügel um den Hohenasperg meist nicht allein, sondern zu zweit auftreten (Abb. 14). Dies trifft auch für den Hochdorfer Hügel zu, denn wenig nordöstlich des ausgegrabenen Hügels liegt ein zweiter, der allerdings wesentlich kleiner ist (Abb. 15). Oberflächig ist er kaum noch auszumachen, aber im Luftbild wird er deutlich sichtbar. Er hat keine Steineinbauten, und sein zeitlicher Bezug zum größeren Hügel ist nicht abzuschätzen. Bisher ist keiner dieser zweiten bei einem Fürstengrab liegenden Hügel untersucht worden, so daß über sicher vorauszusetzende Beziehungen keine Aussagen möglich sind.

Einer der Gründe für die Durchführung der Ausgrabung in Hochdorf war die Gefährdung der Nachbestattungen durch die Landwirtschaft, denn in solch große Erdhügel sind zahlreiche Bestattungen als Sekundärgräber eingebracht worden, darunter auch reich ausgestattete Nebenkammern wie etwa die des Hohmichele, des Römerhügels oder des Kleinaspergle. Der Magdalenenberg bei Villingen dürfte ursprüng-

Abb. 29. Rekonstruktionszeichnung des fertig aufgeschütteten Grabhügels.

lich an die 150 solcher Nachbestattungen enthalten haben. In Hochdorf waren diese fast vollständig zerstört – lediglich in den Steineinbauten am Nordrand des Hügels hatte sich ein Grab erhalten. Ein junger Mann war hier mit zwei gegossenen Paukenfibeln, einem Halsring und zwei eisernen Lanzenspitzen beigesetzt. Dieses Grab ist deutlich jünger als das zentrale. Zu weiteren zerstörten Gräbern gehören Bronzegegenstände, die vor allem am Nordteil des Hügels außerhalb des Steinkreises in abgeflossenem Erdmaterial gefunden wurden. Über ihre ursprüngliche Zahl ist keinerlei Aussage möglich. Im Hügel wurden jedoch noch zwei weitere Gräber entdeckt. Ein mit zwei Schlangenfibeln und einem Rasiermesser ausgestatteter Mann lag 2 m westlich des zentralen Grabschachtes, nur etwa 10 cm über dem Auswurf. Durch den Pflug war bereits die linke Körperhälfte beseitigt. Wegen seiner tiefen Lage nahe der Hügelmitte kann es sich nicht um eine in den fertigen Hügel eingegrabene Bestattung handeln, sondern um ein Grab, das während der Aufschüttungsarbeiten angelegt wurde. Und tatsächlich entsprechen die beiden Fibeln dieser Nachbestattung völlig denen des Hauptgrabes, sind also annähernd gleichzeitig. Auch ein weiteres Grab am Südrand des Hügels ist keine einfache Nachbestattung (Abb. 30). Unter dem Steinkreis lag in einer aus Steinen gesetzten Kammer ein Mann mit zwei Schlangenfibeln, einem Bronzegürtelblech und einem kleinen Eisenmesser. In einem Tongefäß war eine weitere, verbrannte Person beigesetzt. Dieser seltsame Befund, zu dem mir keine Parallelen bekannt sind, belegt jedoch, daß der Tote nicht nachträglich eingegraben, sondern während des Steinkreisbaus beerdigt wurde. Auch die Mitbestattung einer weiteren verbrannten Person in einer Urne ist für die späte Hallstattzeit völlig ungewöhnlich. Man könnte an ein Bauopfer im weitesten Sinne denken – vielleicht ergibt die anthropologische Untersuchung neue Gesichtspunkte.

Abb. 30. Grab 4 in Fundlage. Skelett eines Mannes mit Bronzeschmuck. In einem Tongefäß angebrannte menschliche Knochen.

Tafel 1
Der Hohenasperg und das Kleinaspergle von Süden. ▷

Tafel 2
a) Die freigelegte Grabkammer nach Entfernung der Funde.
b) Die aufgeschütteten Grassoden zeichnen sich im Schnitt deutlich ab. Darunter der graue keltische Humus, dessen Bewuchs sich in ein dünnes rotes Oxydband umgesetzt hat. Der anstehende Boden ist gelber Löß, darin eine schwarze Siedlungsgrube der Jungsteinzeit.
c) Werkstattreste aus dem Grabhügel.

Tafel 3
a) Der große Bronzekessel wird freigelegt und für den Transport gefestigt.
b) Eine Bronzeschale wird freigelegt, wobei die Paßstellen mit Aufklebern markiert werden.
c) Die Funde werden mit dem Kartomaten gezeichnet.

Tafel 4
a) Das Skelett in Fundlage: Die Schädelkalotte mit dem Goldhalsreif, der rechte Unterarm mit dem Ring und der goldene Gürtel.
b) Die Tragefiguren der Totenliege in Fundlage.
c) Der Kessel in Fundlage.

Die Untersuchung des Grabes

Vor der Schilderung des zentralen Grabes mit seiner reichen Ausstattung seien noch einige Bemerkungen zur Ausgrabung selbst vorangeschickt. Schon in einem recht frühen Stadium der Grabung war klar, daß das Hauptgrab des Hügels keine Beraubungsspuren aufwies und deshalb auch mit vielen Beigaben zu rechnen war, so daß wir uns entschlossen, das Grab zunächst einmal zu überdachen. Als billigste und eleganteste Lösung bot sich ein Kunststoffgewächshaus an, wie es heute in fast jeder Gärtnerei verwendet wird. Es hatte eine Grundfläche von $10,5 \times 8,5$ m und paßte damit sehr gut zu unserer 7,5 m im Quadrat messenden Kammer. Die Durchführung dieser technischen Arbeiten lag in den bewährten Händen von Fritz Maurer, der zusammen mit Hartwig Zürn seit vielen Jahren als Grabungstechniker solche Untersuchungen durchgeführt hatte, unter anderem etwa die des Grafenbühl oder des Hügels von Hirschlanden. Er hat auch die meisten Grabungsfotos angefertigt. Beim Ausräumen der gewaltigen Steinschichten, die in das Grab hinuntergebrochen waren, zeigten sich bald die ersten Bronzefunde, etwa der Rand eines großen Bronzekessels in der Nordwestecke oder ein über 2 m langes Bronzeblech an der Westwand. Zunächst konnte man noch nicht erkennen, worum es sich im einzelnen handelte. Ich hielt es zunächst für einen Wagenbeschlag, dann, als es weiter freigelegt wurde und wannenförmige Gestalt annahm, für einen Bronzesarg. Wer hätte an eine Bronzeliege gedacht? Erst als auch die Tragefiguren zum Vorschein kamen, konnte die Form erkannt und bestimmt werden. Zu unserem Erschrecken stellten

wir jedoch fest, daß sich in der Grabkammer organisches Material in großem Umfang erhalten hatte. Die zusammengebrochenen Teile der inneren Holzgrabkammer, völlig vermehlt und nicht mehr als festes Holz erhalten, verdeckten alles und mußten umsichtig beiseite geräumt werden. Dabei war es außerordentlich schwierig, Wichtiges von Unwesentlichem zu unterscheiden. Bald wurden auch Textilien erkannt, die völlig aufgeweicht und im Zustand des Zerfallens waren. Grabbeigaben aus Holz wurden sichtbar und begannen auszutrocknen, so daß sehr bald klar wurde, daß dieses Grab mit ganz anderen Methoden als sonst üblich untersucht werden mußte. Eine solche Untersuchung konnte nicht von ungeübten Hilfskräften, sondern nur von erfahrenen Ausgräbern durchgeführt werden. Für die Konservierung und Bergung der Funde an Ort und Stelle sorgten die Restauratoren des Württembergischen Landesmuseums und des Landesdenkmalamtes Peter Heinrich, Benno Urbon und Horst Röske. Da viele Gegenstände, sobald sie der Luft ausgesetzt waren, sich zu zersetzen, auszutrocknen oder zu zerfallen begannen, war es außerordentlich wichtig, möglichst rasch konservierend einzugreifen. Es gab keine Zeit, große Beratungen anzustellen, sondern man mußte sich auf eigene Erfahrung und Instinkt verlassen. Die Freilegung der Funde, die nur so weit durchgeführt wurde, wie es für die zeichnerische Dokumentation und das Fotografieren unbedingt erforderlich war, erfolgte mit Hilfe von Industriestaubsaugern (Taf. 3a). Mit diesen Geräten konnte mit einiger Übung sehr fein gearbeitet werden, vor allem aber gingen keinerlei Funde verloren, weil die Füllungen der Maschinen nach dem Absaugen durch feine Siebe geschüttet wurden. Zahlreiche Gegenstände wurden durch das Kenntlichmachen von Bruchstellen schon im Grab für die spätere Restaurierung vorbereitet (Taf. 3b).

Bald zeigte sich jedoch, daß es unmöglich war, die gesamte Fundbergung im Grab selbst durchzuführen. Deshalb wurden größere zusammenhängende Fundgegenstände eingegipst, so daß sie en bloc gehoben werden konnten. So wurde etwa die gesamte Totenliege mit dem Skelett, allen Funden und den vielen Textilien geborgen. Auch der gesamte Wagenkasten wurde eingegipst, was einen Block von etwa 15 Zentnern Gewicht ergab, der aus der tiefen Grabgrube gehoben werden mußte (Abb. 31). Das Eingipsen von brüchigen Fundgegenständen ist eine alte Methode, die sehr viele Vorteile bietet – durch Röntgen kann man zunächst alle Metallteile klar erkennen und in ihrer Lage festhalten (Abb. 77), und gerade in unserem Fall war dies außerordentlich wichtig, weil etwa der Wagenkasten oder die eisenüberzogenen Wagenräder in zahllose Einzelteile zerfallen waren (Abb. 78). Die anschließende sorgfältige Untersuchung – oder besser: »Ausgrabung« – dieser eingegipsten Funde in der Werkstatt, die sowohl für die Kline als auch für den Wagenkasten jeweils rund ein Jahr dauerte, wäre im Grab selbst nie möglich gewesen.

Vor dem Eingipsen mußten die Gegenstände wie alle übrigen zeichnerisch genau festgehalten werden. Die außerordentlich dichte und komplizierte Fundlage machte die übliche zeichnerische Aufnahme mit Schnurgerüst und Meterstab praktisch unmöglich. Der Grabplan wurde deshalb mit einer Glasplatte und einem Diopter im Maßstab 1:1 angefertigt, doch war dies so anstrengend und zeitraubend, daß wir uns bald einer auf der Heuneburg entwickelten Zeichenmaschine bedienten, mit der außerordentlich präzise, praktisch und schnell Pläne im Maßstab 1:10 angefertigt und Einzeleinmessungen und Nachzeichnungen eingetragen werden konnten (Abb. 32). Diese Zeichenarbeiten führte vor allem Erwin Keefer durch (Taf. 3c). Die zeichnerische Aufnahme wurde natürlich durch Fotos ergänzt, während eine professionelle filmische Aufnahme leider nicht realisiert werden konnte.

Die einzelnen Gegenstände wurden in ihrer Lage, ihrem Zustand und ihrer Beschaffenheit beschrieben,

Abb. 31. Der eingegipste Wagen in der Grabkammer.

dann entnommen und verpackt, wobei natürlich zahlreiche Einzelteile von zerbrochenen Gegenständen in ihrer Zusammengehörigkeit noch gar nicht erkannt werden konnten. So wurden während der gesamten Untersuchung des Grabes rund 2000 Einzelstücke numeriert und geborgen, die nun wieder zusammengefügt, untersucht, bestimmt und ausgewertet werden mußten. Die umfangreiche Dokumentation ihrer Fundlage, besonders etwa der Textilien oder der anderen organischen Reste, führte jedoch zu Rekonstruktionen, die vollständig gesichert und in diesem Umfang wohl einmalig sind. Wir werden darauf bei der Besprechung der einzelnen Funde noch zurückkommen.

Der Reichtum des Grabes, vor allem aber die vielen Gegenstände aus Gold ließen sich nicht lange verheimlichen, so daß, durch Berichte der lokalen, nationalen und bald auch internationalen Presse angelockt, bald

Tausende von Besuchern erschienen. Für die konzentrierte Arbeit im Grab war dies einerseits recht hinderlich, doch bot sich andererseits die Chance, weiteste Bevölkerungsteile durch Führungen oder auch durch die Presse nicht nur mit dem Grab selbst, sondern auch mit den Belangen der Denkmalpflege und der Archäologie in Berührung zu bringen.

Während der Untersuchung des Grabes im Gelände und später der Funde in der Werkstatt wurde versucht, möglichst viele Gegenstände, Materialien und Beobachtungen in Plänen festzuhalten, die durch Fotos und Röntgenfotodokumentation sowie Beschreibungen ergänzt wurden. Eine Schwierigkeit lag darin, Wichtiges von Unwesentlichem zu unterscheiden, aber auch Beobachtungen festzuhalten, die zunächst unbedeutend erschienen, sich jedoch später bei der Auswertung als äußerst wichtig erwiesen. Solche, während der Auswertung plötzlich auftauchenden Fragen sind im Verlauf einer komplizierten Ausgrabung gar nicht abzuschätzen. Mit den Zeichenarbeiten wurde während der Untersuchung des Grabes schon sehr frühzeitig begonnen, noch ehe viele Gegenstände völlig

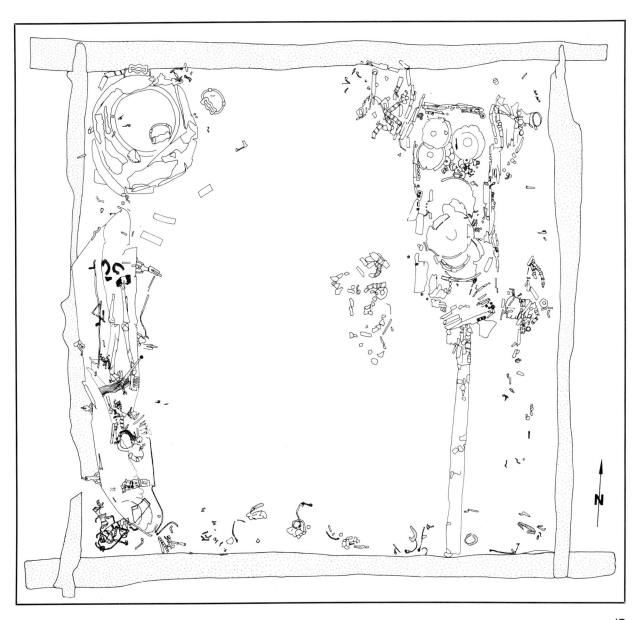

Abb. 32. Übersichtsplan der Grabkammer. M. ca. 1:36.

freigelegt waren. Es handelt sich um Zeichnungen im Maßstab 1:1, die im Einzelfall wichtige Informationen enthalten. Zusammenhängende Zeichnungen im Maßstab 1:10 wurden dann mit der schon beschriebenen Zeichenmaschine angefertigt und mußten mit dem Fortschreiten der Grabung laufend ergänzt werden. Bei der Untersuchung der eingegipsten Fundkomplexe in der Werkstatt wurden dann wieder zahlreiche Detailpläne und Fotos im Maßstab 1:1 hergestellt.

Der Plan der Grabkammer (Abb. 32) gibt deshalb nur eine Übersicht und wird durch zahlreiche Einzel- und Detailpläne ergänzt, die hier nicht abgebildet werden können. Er zeigt jedoch die Fundlage der wichtigsten Gegenstände mit Ausnahme der umfangreichen Textilfunde, für die Einzelpläne angefertigt wurden. Anschaulich ergänzt wird der Grabplan durch eine Rekonstruktionszeichnung des Grabes, die recht detailliert und genau ist (Abb. 33). Im Plan verzeichnet sind die Grundschwellen der inneren, eigentlichen Grabkammer, wobei auf die Darstellung des Bretterbodens verzichtet wurde. Die Kammer ist wie üblich nord-südlich orientiert und weicht nur unwesentlich von dieser Richtung ab. Auch der Tote wurde in der für die Hallstattzeit allgemein üblichen Orientierung bestattet, der Schädel im Süden, die Füße weisen nach Norden. Er ruht auf einer großen Bronzeliege an der westlichen Kammerwand. Beim Zusammenbrechen hat sie diese Liege zusammengedrückt, die beiden Seitenteile sind nach außen geklappt, die Rückenlehne ist auf die Sitzfläche gedrückt worden, herunterbrechende Steinbrocken haben einzelne Gegenstände zerdrückt und zerschlagen. Der Schädel und die Langknochen des Skeletts sind deutlich zu erkennen, lediglich der rechte Unterarm wurde heruntergeschleudert und lag – stark zerbrochen – zusammen mit einem Goldarmring zum Teil unter der Sitzfläche (Taf. 4a). Am Südende der Kline war ein Hut aus verzierter Birkenrinde auf das Seitenteil gerutscht. In ihm lag ein großes Rasiermesser aus Eisen, darauf ein fein gesägter Kamm. Wenige Reste eines geflochtenen Weidenkörbchens waren ebenfalls hier verstreut. Am Südende der Kline hatten sich auch Teile eines Kopfkissens aus geflochtenen Grashalmen erhalten. Der Schädel des Toten war etwas zerdrückt. Um den Hals trug er einen Goldreif, neben dem zwei Fibeln aus Gold in verdrück-

Abb. 33. Rekonstruktionszeichnung des Grabes.

ter Lage steckten. Zwei weitere Fibeln aus Bronze fanden sich ebenfalls im Schädelbereich sowie fünf aus Bernstein gedrechselte Perlen. Ein ursprünglich wohl an der Rückenlehne hängender Köcher mit Pfeilen war in zwei Teile zerbrochen. Sein Deckel und seine Mündung lagen mit einigen Pfeilspitzen auf dem Oberkörper des Toten, während das Ende zwischen Kammerwand und Rückenlehne klemmte. Im linken Brustbereich haben sich zwei Teile eines verzierten Lederriemens erhalten, die zu einem Täschchen gehörten, in dem drei Angelhaken und ein Nagelschneider aufbewahrt wurden. Auf dem Becken lag leicht verrutscht ein Gürtelblech aus Gold mit bronzeverziertem Rückenteil aus Leder. Auf dem Gürtel war ein Dolch in drei Teile zerbrochen, das Ortband war auf einen Stein außerhalb der Kline gerutscht. An beiden Füßen lagen je zwei Goldbleche, die ursprünglich auf Schuhe aufgenäht waren, von denen sich leider keine Spur erhalten hat.

Die Totenliege selbst – sicherlich das interessanteste Fundstück des Grabes – war stark zerbrochen, hing aber in großen Teilen noch zusammen. Die Tragefiguren waren auf der Westseite meist nach außen, auf der Ostseite unter die Sitzfläche gedrückt oder zerbrochen. Hier fand sich auch noch eine der Eisenstreben zwischen zwei Figuren in ursprünglicher Lage (Taf. 4b). Nach dem Abheben der Kline waren sie sehr gut zu beobachten. Sitzfläche und Rückenlehne der Kline waren dick mit Fellen und Textilien gepolstert. Sie sind hier nicht dargestellt, doch werden wir auf sie zurückkommen.

Ein wichtiger Bestandteil der Grabausstattung ist das umfangreiche Trinkservice, das aus neun Trinkhörnern, einem Bronzekessel auf einem Holzgestell sowie einer Goldschale besteht. Der große Kessel wurde in der nordwestlichen Kammerecke zwar stark zerdrückt, ist aber deutlich zu erkennen (Taf. 4c). Das Holzgestell, zu dem auch einzelne, in die Grabkammer geschleuderte Teile gehörten, brach nach Südosten zusammen, so daß der Kessel etwas heruntergeglitten ist und dabei wohl auch einen Teil seiner Flüssigkeit verloren hat. Auf dem Kesselrand sind drei Bronzelöwen befestigt, von denen nur einer am Nordrand auf der Zeichnung sichtbar ist, die beiden anderen werden durch Bleche verdeckt. Von der Kesselschulter abgefallen sind drei Bronzehenkel mit Rollenattaschen, von denen einer im Kessel, ein weiterer östlich daneben

und der dritte an der Nordwand eingeklemmt lag. Der Bronzekessel war zumindest teilweise mit Tüchern abgedeckt, die um den Schwanz eines Löwen gewickelt waren und bei der Grabung auch noch im Kessel hingen. Auf ihnen stand wohl die Goldschale, die bei der Ausgrabung zerdrückt auf dem Kesselboden lag.

Ebenfalls zum Trinkgeschirr gehören neun Trinkhörner, die an der südlichen Kammerwand mit Eisenkrampen befestigt waren. Das größte, aus Eisen, lag stark zerbrochen in der Südwestecke (Taf. 5a) auf einem zweiten Horn aus der Hornscheide eines Auerochsen. Der zum Eisentrinkhorn gehörende Griff war abgebrochen und lag südöstlich des Klinenendes parallel zur Kammerwand. Die acht übrigen Trinkhörner sind aus der Hornscheide von Auerochsen gefertigt und waren wie das Eisentrinkhorn mit Goldbändern verziert und an Bronzehenkeln aufgehängt. Die Hornteile sind vollständig vergangen. Das Trinkservice für neun Personen wird durch ein Speisegeschirr ergänzt, das für die gleiche Personenzahl gedacht ist. Es besteht aus drei großen Bronzebecken mit je zwei Horizontalhenkeln und neun flach gewölbten Bronzetellern mit verziertem Horizontalrand. Es war auf dem Wagen in der Nordostecke des Grabes aufgestapelt (Taf. 5b). Dort lagen auch eine Eisenaxt mit Holzstiel, eine Lanzenspitze, ein großes Eisenmesser und ein Hirschhorngerät – Instrumente zum Töten und Zerteilen der Schlachttiere oder Jagdbeute.

Im Plan sehr deutlich wird der große vierrädrige Wagen, der die volle Kammerlänge einnimmt. Da er fast vollständig mit Eisenblech beschlagen war, zeichnet er sich auch im Foto deutlich ab (Taf. 5b). Die lange, nach Süden weisende Deichsel stößt an der Kammerwand an, der langrechteckige Wagenkasten ist an seiner Eisenverzierung kenntlich. Die Räder sind stehend zusammengebrochen, was besonders an den beiden östlichen – zwischen Wagen und Kammerwand – deutlich wird. Der Wagen war also fahrbereit ins Grab gestellt worden. Auf dem Wagen fand sich – nur in Detailplänen nach Abheben der Bronzeschalen zu sehen – das Schirrzeug für die beiden Zugpferde: ein Doppeljoch aus Holz mit reicher Bronzeverzierung, Lederzaumzeuge mit Bronzescheibenverzierung und Eisentrensen sowie ein 1,68 m langer Stachel aus Holz mit Bronzegriff und Eisenspitze, mit dem die Pferde angetrieben wurden. Der Wagen war beim Einbruch der Kammerdecke besonders stark zerstört worden.

Durch die Wucht der herunterbrechenden Steinmassen und die anschließenden Setzungserscheinungen ist er auf eine Stärke von etwa fünf Zentimeter zusammengedrückt worden und in zahllose Einzelteile zerbrochen.

Im Grabplan nur schwer auszumachen sind Eisenhaken mit Bronzeköpfen und zahlreiche Bronzefibeln, die entlang der heruntergebrochenen Kammerwände lagen. Die Haken trugen nicht nur die Trinkhörner an der Wand, sondern auch Stoffbahnen, die durch die Fibeln zusammengehalten und wohl auch drapiert wurden.

Auffällig ist, daß sich die Funde im Ost- und Westbereich des Grabes konzentrieren, während die Kammermitte völlig leer ist. Natürlich wäre es denkbar, daß hier organische Beigaben standen, die sich völlig zersetzt haben, doch hat sich während der Ausgrabung keinerlei Hinweis darauf ergeben. Auf dem Kammerboden hätten sich wenigstens geringe Spuren zeigen müssen. Auch ist es wenig wahrscheinlich, daß es überhaupt so große Gegenstände ohne jedes Metallteil gibt. Die bisher bekannten Kammern sind meist recht vollgepackt bzw. entsprechend der Größe der vorgesehenen Beigaben gebaut, denkt man etwa an Vix (Abb. 6), Apremont (Abb. 3), die Kammer 6 des Hohmichele (Abb. 5) oder Ludwigsburg-Römerhügel (Abb. 1). Lediglich die Nebenkammer des Kleinaspergle (Abb. 2) war ähnlich leer. Die Größe der Hochdorfer Grabkammer ergibt sich wohl aus der Länge des Wagens mit seiner Deichsel – soweit ersichtlich, scheint er der einzige Wagen des Fürstengräberkreises zu sein, der mit montierter Deichsel in das Grab kam, während diese Sitte bei älteren Gräbern häufiger zu beobachten ist. Mit 22 m² Grundfläche ist die Hochdorfer Kammer nach der des Magdalenenbergs mit 36,5 m² die größte der Fürstengrabkammern.

Die Beigaben des Hochdorfer Grabes lassen sich in verschiedene Gruppen gliedern, die recht klar zu trennen sind. Einige von ihnen finden sich auch in anderen Fürstengräbern bzw. sind typisch für sie, andere treten im Hochdorfer Grab neu auf. Dem Toten wurde eine ganze Reihe von Gegenständen mitgegeben, die er sicherlich im täglichen Leben benutzt oder getragen hat. Sie finden sich alle beim Leichnam liegend – seine weitgehend zerstörte Kleidung mit zwei Bronzefibeln, Hut, Gegenstände der Körperpflege, Köcher und – nicht erhaltener – Bogen für die Jagd, Angelgerät und als Abzeichen seiner Macht der goldene Halsring und der Dolch, der erst für das Grab mit Gold geschmückt wurde. Diese Gegenstände geben, soweit sie nicht einer festgelegten Bestattungssitte unterliegen, am ehesten Aufschluß über seine Lebensgewohnheiten. Von ihnen abzusetzen ist der Goldschmuck des Toten, der eigens für die Bestattung hergestellt wurde. Er ist der einzige Totenschmuck, den wir bisher aus einem solchen Fürstengrab kennen; deshalb sind die Stücke auch völlig einmalig – die beiden goldenen Schlangenfibeln, die Goldverzierung des Gürtels und des Dolches und vor allem die goldenen Schuhbeschläge. Lediglich der goldene Armreif findet sich in Fürstengräbern häufiger. Fast jedes Fürstengrab enthält einen Bronzekessel, zu dem dann noch andere Geräte wie Schalen oder Kannen kommen können. In der Regel sind es große, aus einem Stück getriebene Kessel, deren Eisenringhenkel mit Eisenattaschen befestigt sind. Nach etruskischen Vorbildern sind sie wohl im Westhallstattkreis nachgeahmt worden. Vereinzelt haben sich in ihnen Holzschalen erhalten. Kannen – entweder einheimische Blechkannen oder importierte Kleeblatt- oder Schnabelkannen – treten weniger häufig auf. Das Hochdorfer Trinkservice ist demgegenüber außerordentlich umfangreich und vielfältig. Der großgriechische Bronzekessel ist ein Prunkstück, zu dessen Größe es wie zum Krater von Vix keine Parallelen im klassischen Bereich gibt. Die Holzschale, wohl ein Schöpfer, wurde durch eine aus Gold getriebene Schale ersetzt. Ebenfalls einmalig ist die für neun Personen gedachte Trinkhornausstattung.

Das gleiche gilt für das Speisegeschirr: Auch hier ist die Ausstattung für neun Personen entscheidend. Fester Bestandteil einer reichen Grabausstattung der späten Hallstattzeit ist der vierrädrige Wagen mit zugehörigem Zaumzeug. Allerdings bestehen hier natürlich Unterschiede in der Qualität. Wurden in einige Gräbergruppen sogar nur Wagenteile mitgegeben, so ist der Hochdorfer Wagen mit seinem reich verzierten Eisenüberzug ein hervorragendes Stück. Ein völliges Novum stellt dagegen die Hochdorfer Bronzekline dar. Es gibt zwar deutliche Hinweise, daß auch die Toten anderer Fürstengräber auf Möbelstücken aufgebahrt worden sind, doch liegt dafür nun der endgültige Beweis vor. Diese Bestattungssitte dürfte auf einen Personenkreis sehr hohen Ranges beschränkt gewesen sein.

Der Tote

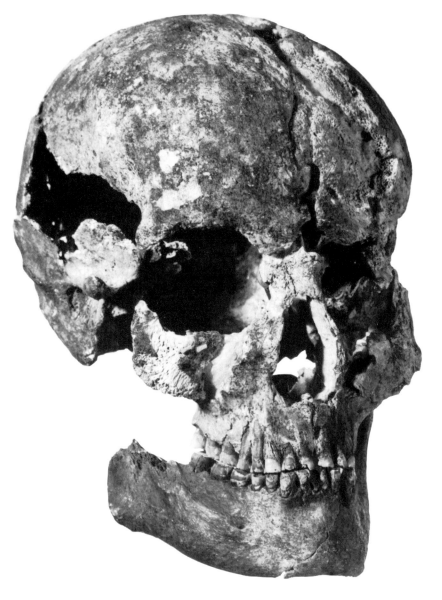

Im Grabhügel von Hochdorf war der Körper eines etwa 40 Jahre alten Kelten mit einer Größe um 1,87 m bestattet worden. Er hatte einen sehr kräftigen Körperbau. Spuren eines gewaltsamen Todes waren am Skelett nicht zu erkennen. Dies ist in knappen Worten das Ergebnis der vorläufigen anthropologischen Untersuchung des recht gut erhaltenen Skeletts (Abb. 34). Mit 40 Jahren lag das Sterbealter des Toten etwas über der damals üblichen Lebenserwartung – die heutige liegt bei Männern um 70 Jahre. Auch mit seiner Größe überragte der Keltenfürst seine Zeitgenossen – die durchschnittliche Körpergröße war damals etwas geringer als heute. Sicherlich spiegelt der kräftige Körperbau des Toten auch seine soziale Stellung wider.

Vom Toten selbst war nur das Skelett erhalten. Körperhaare, Reste der Haut oder andere Teile des Leichnams wurden nicht beobachtet, obwohl Tierfelle oder -haare verschiedener Art auf der Totenliege aus Bronze in größerer Zahl bestimmt werden konnten. Aufgrund verschiedener Beobachtungen steht jedoch fest, daß zwischen Tod und Bestattung ein längerer Zeitraum anzunehmen ist, so daß es unumgänglich war, den Leichnam zu konservieren. Leider gelang es durch chemische Untersuchungen bisher nicht, die Art dieser Konservierung – sei es nun durch Einlegen in Salz oder Honig, durch Räuchern oder Trocknen der Leiche oder durch andere Methoden – nachzuweisen, doch sind dem Toten dabei offensichtlich die Haare entfernt worden oder ausgefallen. Unter den zahlreichen bestimmten Tierhaaren fand sich keines vom Menschen. Was ebenfalls fehlte, sind Chitinpanzer von Fliegenlarven, die bei längerem Offenliegen des Leichnams vorhanden sein müßten. Daraus kann man schließen, daß die Konservierung recht effektiv erfolgte. Herodot berichtet uns um 500 v. Chr. von der Bestattung der Skythenfürsten: Sie wurden auf Wagen um ihr Reich gefahren und mußten dazu ebenfalls einbalsamiert werden. Möglicherweise sind auch bei der Bestattung unseres Keltenfürsten ähnliche Vorgänge vorauszusetzen, doch lassen sie sich archäologisch kaum mehr nachweisen.

Abb. 34. Der Schädel des Kelten von Hochdorf.

Tafel 5
a) Das Eisentrinkhorn in Fundlage.
b) Der Wagen in Fundlage, darauf das Speisegeschirr aus Bronze.

Tafel 6
a) Der Hut aus Birkenrinde, darauf ein fein gesägter Kamm.
b) Detail der Hutverzierung.

Tafel 7
a) Reste eines Stofftäschchens mit verziertem Lederverschluß, drei Angelhaken und einem Nagelschneider.
b) Goldene Schuhbeschläge in Fundlage.

Tafel 8
a) Detail der Punzverzierung des Goldhalsrings.
b) Detail der einziselierten Verzierung der bronzenen Dolchscheide.

Tafel 9
Details der Punzverzierungen:
a) Armring.
b) Fibel.
c) Gürtelblech.
d) Dolchgriff.
e) Knöchelband.
f) Dolchscheide.
g) Organisches Trinkhorn.
h) Eisentrinkhorn.

Tafel 10
a) Hanfbasttextil mit breitem Streifenmuster auf der Totenliege.
b) Bunt kariertes Textil auf der Totenliege.
c) Hanfbasttextil auf der Rückenlehne der Totenliege.

Tafel 11
a) Die Goldschale im Kessel in Fundlage.
b) Schwanz eines Löwen mit Textil.

Tafel 12
a) Das Joch in Fundlage.
b) Das Zaumzeug in Fundlage mit deutlich erkennbaren Riemenkreuzungen.

Die persönliche Ausstattung des Keltenfürsten

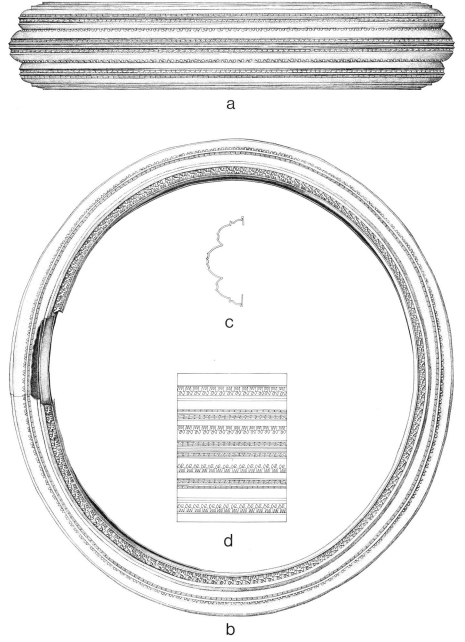

Eine Besonderheit des Hochdorfer Grabes ist, daß man sehr gut unterscheiden kann, welche Gegenstände schon länger im täglichen Leben des Toten benutzt und welche eigens für die Ausstattung, Aufbahrung und Präsentation der Leiche hergestellt wurden. Zur ersten Kategorie gehört sicher eine ganze Reihe von Funden, die direkt beim Toten lagen. Hierzu möchten wir einen der hervorragendsten Funde des Grabes rechnen – den Ring aus Goldblech, den der Tote um den Hals trug (Abb. 35 u. Taf. 13). Der Ring ist aus einem Stück Goldblech mit einer Stärke von 0,5 mm getrieben und wiegt 144 Gramm. Er hat einen Außendurchmesser von 25,3 cm und gehört damit zu den größten Ringen, die wir kennen. Der Innendurchmesser um 20,5 cm war groß genug, daß der Kelte seinen Ring über den Kopf ziehen konnte. Der Halsring ist aus einem breiten Mittelwulst aufgebaut, der von zwei schmäleren begleitet wird; diese Wülste sind in sich durch herausgetriebene Rippen und von innen nach außen gearbeitete Punzreihen verziert. Die nach außen weisenden Seitenpartien zeigen eine Reihe hintereinandergestellter Reiter, die natürlich nur in ihren Umrissen dargestellt sind. Dazwischen sind einfache geometrische Muster aus Parallelstrichen oder S-förmige Punzen angebracht (Taf. 8a und Abb. 35d).

Der geschlossene Ring ist wohl mit einem Messer grob angeschnitten und dann durchgerissen worden, wobei ein etwa 5 cm langes und 1,3 cm breites Stück ausriß, das sich nicht im Grab fand (Abb. 36). Diese Beobachtung kann man verschieden deuten. Es wäre möglich, daß man den Ring als Standes- und Machtsym-

Abb. 35. Der goldene Halsring: a) Ansicht; b) Aufsicht; c) Querschnitt; d) Schema der Punzverzierung. Durchmesser 25,3 cm.

Abb. 36. Der Schnitt durch den goldenen Halsring.

bol des Fürsten bei seinem Tod zerschnitten hat, um damit auch das Abbrechen seiner Macht zu zeigen. Mit dem abgerissenen Stück könnte man diese Macht an seinen Nachfolger weitergegeben haben. Einleuchtender scheint jedoch eine andere Erklärung zu sein – daß man der totenstarren Leiche den Ring vom Hals geschnitten hat, um den Körper des Verstorbenen bis zur Bestattung zu konservieren, oder aber den Ring aufgeschnitten hat, um ihn dem geschmückten Leichnam um den Hals legen zu können. Die Flüchtigkeit der Behandlung einzelner Grabbeigaben, vor allem derer aus Gold, zeigt deutlich, daß die »Leichenbesorger« entweder keinen allzu großen Respekt vor dem Toten hatten oder aber aus einer gewissen Scheu ihre Arbeit möglichst schnell verrichten wollten. Eine ähnliche Beobachtung – Ausreißen eines Stückes des Goldhalsringes – kann man auch bei einem Ring von Uttendorf in der Nähe von Linz in Oberösterreich machen, doch ist nicht ganz klar, ob diese Beschädigung tatsächlich schon vor der Auffindung vorhanden war.

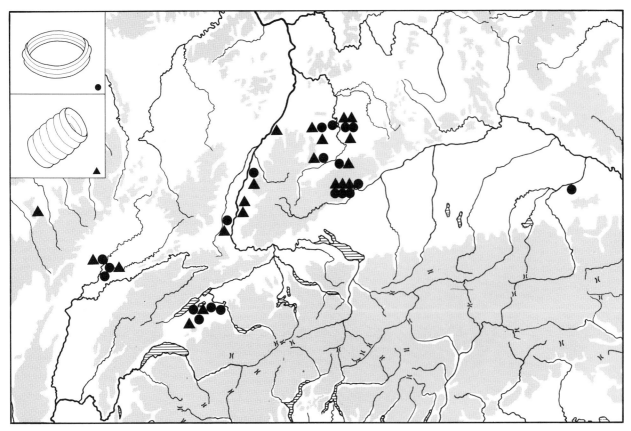

Abb. 37. Verbreitungskarte der Goldhalsringe und Goldarmbänder.

Abb. 38. Der Dolch mit verzierter Bronzescheide:
a) Vorderseite; b) Rückseite;
c) Schnitt. Länge 42 cm.

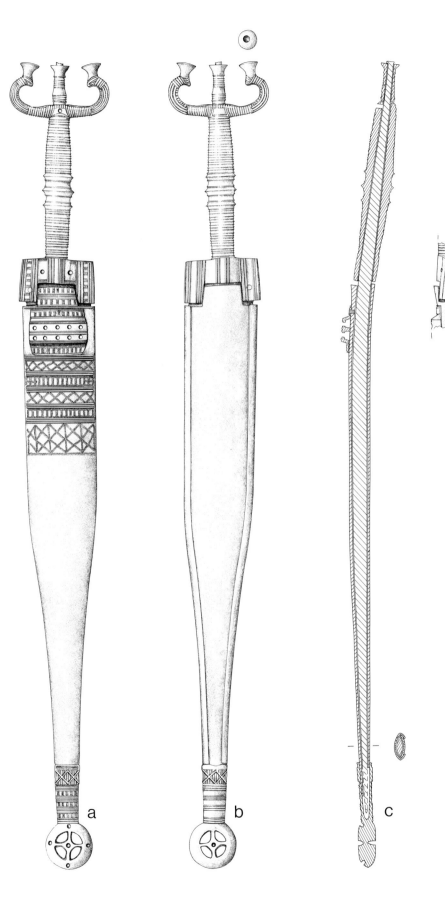

Aus dem Kreis der Fürstengräber kennen wir bisher rund 20 Goldhalsringe. Diese verhältnismäßig große Zahl zeigt, daß es sich wohl um Standesabzeichen der damaligen Oberschicht gehandelt hat. Auch der »Krieger von Hirschlanden« trägt offensichtlich einen solchen Ring. Hartwig Zürn hat sicher recht, wenn er die meisten dieser Ringe einer »zweiten Garnitur« der Fürstengräberschicht zuweist. Beim Grab von Hochdorf dürfte dies jedoch kaum zutreffen, und auch die Dame von Vix trug einen – allerdings importierten – Goldhalsring. Der starke Beraubungsgrad der zentralen Grabkammern wird das Fundbild wohl etwas verfälschen. Wolfgang Kimmig konnte bei den Goldhalsringen zwei Gruppen unterscheiden, eine ältere mit röhrenförmigem Querschnitt, deren Muster von außen nach innen eingepunzt wurde, und eine jüngere Gruppe, zu der auch unser Stück gehört. Die Verbreitungskarte der Goldhalsringe zeigt uns zugleich das Verbreitungsgebiet der Fürstengräber (Abb. 37), lediglich der Ring von Uttendorf im Osten fällt regional aus dem Rahmen. Die Goldhalsringe der Hallstattkultur scheinen eine eigene Erfindung ohne Beeinflussung etwa aus dem Süden zu sein. Vergleichbare Stücke sind dort unbekannt, dagegen gibt es Diademe und Pektorale aus Gold, die dann auf griechische Anregung in Osteuropa nachgeahmt wurden, weshalb die hallstättischen Halsreife zunächst ebenfalls als Diademe angesprochen wurden. Die Diskussion um diese Frage hat mit der Auffindung der Stele von Hirschlanden ihren endgültigen Abschluß gefunden.

Obwohl der Hochdorfer Ring einige Unregelmäßigkeiten in der Punzierung aufweist, steht er in der Qualität seiner Herstellung doch weit über den anderen Goldfunden dieses Grabes. Wir werden bei der Besprechung der Totenausstattung auf dieses Stück noch zurückkommen.

Wie der Goldhalsring ist auch der Dolch als Standesabzeichen anzusehen. Im Grab lag er allerdings fast vollständig mit verziertem Goldblech überzogen. Erst als bei der Restaurierung dieses Blech abgenommen wurde, zeigte sich, daß es eine reich verzierte Bronzescheide verdeckt hatte (Abb. 38 und Taf. 8b, 14).

Der insgesamt 42 cm lange Dolch hat eine zweischneidige Klinge aus Eisen, die sich jedoch nicht aus der Scheide ziehen läßt. Der profilierte Griff mit seinen typischen Antennenenden sitzt auf der eisernen Angel des Blattes, die am Griffende etwas herausschaut. Das

Heft des Dolches und vor allem die aus zwei Bronzebleche zusammengefalzte Scheide sind mit Rippen und eingravierten geometrischen Mustern reich verziert. Das gegossene Ortband wurde auf die Blechscheide aufgesteckt und endet in einem vierspeichigen Rad. Die mitgegossenen Vertiefungen trugen wohl – jetzt ausgefallene – Koralleneinlagen, wie sie bei den Figuren der Kline noch nachgewiesen werden konnten. Auf die Scheide aufgenietet ist eine horizontale Rippenöse, an der der Dolch mit Riemen getragen wurde. Um den Dolch mit Goldblech umwickeln zu können, hat man seitlich an Heft und Ortband angebrachte Bronzeknöpfe entfernt.

Die Verbreitungskarte (Abb. 8) dieser Dolche zeigt, daß sie vor allem in Südwestdeutschland und im Schweizer Mittelland üblich waren, einige wurden in reichen Hallstattgräbern des Elsaß und Ostfrankreichs gefunden, im Osten greifen sie über die westliche Hallstattkultur bis Österreich aus, und auch in einigen reichen Gräbern in Oberitalien finden wir sie. Als Waffe waren solche Dolche nur bedingt zu gebrauchen. Die übliche Kriegswaffe dieser Zeit ist die Lanze, während Schwerter nur ganz vereinzelt vorkommen. Die Dolche scheinen deshalb eher Standesabzeichen gewesen zu sein, ähnlich den Offiziers- oder Ehrendolchen dieses Jahrhunderts. Sie waren allerdings nicht auf die Schicht der Fürstengräber beschränkt, sondern fanden sich auch in etwas weniger reich ausgestatteten Gräbern. Der Dolch aus Hochdorf ist innerhalb seiner Fundgattung ein besonders qualitätvolles Exemplar. Dolchscheiden mit ringförmigem Ortband kommen fast ausschließlich in Württemberg vor.

Ein dritter Gegenstand, der sich beim Toten fand, ist in seiner Bedeutung etwas schwieriger zu beurteilen. Oberhalb des Schädels lagen stark zerdrückte Teile aus Birkenrinde, die sich wegen der konservierenden Wirkung der Bronze weitgehend erhalten hatten (Taf. 6a). Bei der Restaurierung konnten sie dann zu einem flach konischen Hut zusammengesetzt werden (Taf. 15). Er besteht aus zwei runden Rindenscheiben mit einem Durchmesser von 39,5 cm, aus denen jeweils ein Segment geschnitten wurde, so daß sich eine flach konische Form – ähnlich einem Chinesenhut – ergibt. Die beiden Scheiben sind durch zwei ringsum verlaufende Nähte und eine Radialnaht zusammengehalten. Während die innere Scheibe – das Futter –

unverziert blieb, hat man die äußere durch ein außerordentlich fein gearbeitetes eingeritztes und -gedrücktes Ornament reich geschmückt (Taf. 6a). Mit einem Zirkel wurden sehr exakte konzentrische Kreise angebracht, zwischen denen verschiedene umlaufende Punzmuster sitzen. Leider hat sich der Faden, mit der der Hut vernäht wurde, nicht erhalten, doch ist die Hutform eindeutig gesichert. Mit einer groben Kordel, von der nur ein kurzes Stück vorhanden war, wurde der Hut am Kopf festgehalten. Dieser im Hallstattbereich einmalige Fund zeigt die für organisches Material sehr günstigen Erhaltungsbedingungen in diesem Grab besonders eindringlich. Sie ergeben sich nicht nur aus den vielen Metallgegenständen, deren Oxyd konservierend wirkte, sondern auch daraus, daß kein Oberflächenwasser in das Grab eindringen konnte.

Obwohl es zu diesem Hut bisher keine Vergleichsstükke gibt, deuten doch Hinweise darauf, daß er in der damaligen Zeit ein durchaus üblicher Kopfschmuck war. Aus dem Fürstengrab 2 von Stuttgart-Bad Cannstatt kennen wir kleine Stücke vernähter Birkenrinde, die beim Schädel gefunden wurden, und auch die bekannte Stele von Hirschlanden trägt eine konische Kopfbedeckung. Der Hochdorfer Hut zeigt aber meines Erachtens ganz deutlich – ergänzt durch das beobachtete Fehlen eigentlicher Waffen –, daß der hier bestattete Kelte kein Krieger im eigentlichen Sinne war. Ähnliche Hüte aus geflochtenem Reisstroh trugen zwar auch die Vietcong, doch muß man den Kelten in seiner damaligen Umgebung betrachten. Er steht in seiner Zeit ganz im Gegensatz zu reichen Herren der östlichen Hallstattkultur – etwa im Gräberfeld von Hallstatt oder in Slowenien –, die mit Bronzehelmen, Panzern und Schwertern oder Streitbeilen beigesetzt wurden. Ob es sich bei diesen Hüten aus Birkenrinde allerdings um Kopfbedeckungen gehandelt hat, die jedermann trug, oder aber ebenfalls um Standesabzeichen, ist beim derzeitigen Kenntnisstand nicht zu beurteilen.

Ich möchte bei der Deutung des Grabes als »friedlicher« Bestattung bleiben, obwohl dem Toten neben weiteren Geräten (Lanze, Messer, Axt) auch ein Köcher mit Pfeilen und sicherlich ein zugehöriger Bogen mitgegeben wurde. Ich halte Pfeil und Bogen hier jedoch für Jagdgeräte, zumal der Kelte auch drei Angelhaken bei sich hatte, die diese Jagdausrüstung ergänzen. Vom Bogen haben sich keine Reste erhalten, doch

Abb. 39. Rekonstruktionszeichnung des Köchers mit Eisen- und Bronzepfeilspitze.

64

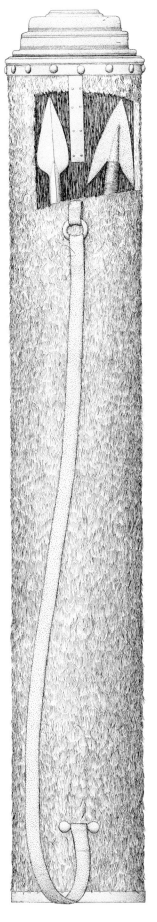

ist dies sicherlich ein Zufall, und auch der Köcher ist stark zerbrochen, so daß seine Rekonstruktion im einzelnen etwas unsicher bleiben muß. Er hing an der Rücklehne der Kline und ist beim Zusammenbrechen der Kammer in zwei Teile zerfallen. Das Köcherende wurde zwischen Rückenlehne der Kline und der Kammerwand eingeklemmt, während die Mündung in den Brustbereich des Toten fiel und dadurch stark zerdrückt ist. Bei diesem Vorgang zersplitterten auch die Pfeilschäfte, so daß leider keiner ganz erhalten war.

Vom Köcher (Abb. 39) hatte sich das runde Mündungsblech erhalten, das mit breitköpfigen Nägeln am Holz des Köcherkörpers festgenagelt war und durch einen zusätzlichen Blechsteg festgehalten wurde. In die runde Öffnung mit einem Durchmesser von 7,5 cm paßt ein Teil eines Deckels aus Bronzeblech, von dem nur wenige kleine Bruchstücke vorhanden sind. Er scheint getreppt und außen teilweise mit feinen Rillen verziert gewesen zu sein. Die Bodenplatte des Köchers besteht ebenfalls aus Bronzeblech; sie hielt die Wandung und den Boden aus Holz zusammen. Der Köcher selbst bestand aus Holz, das mit Fell überzogen ist. Die sorgfältige botanische Untersuchung durch Udelgard Körber-Grohne ergab, daß es sich um das Wurzelholz von Schwarzpappel handelt. Dieses Holz ist langfasrig, sehr grobporig und damit zäh und außerordentlich leicht. Seine gezielte Auswahl zeigt sehr eindringlich, wie gut die frühkeltischen Handwerker die Naturprodukte kannten und wie vorteilhaft sie sie einzusetzen wußten. Die Länge des Köchers ist wegen seines ruinösen Zustands leider nicht mehr exakt zu ermitteln. Erhalten war er in einer Länge von 45 cm, doch war er wahrscheinlich etwas länger. Er wurde an einem Lederriemen getragen, dessen Abdruck an einem Bronzeringchen erhalten ist, mit dem er am Köcher befestigt war. Er enthielt 14 Pfeile, die mit den Spitzen zur Mündung im Köcher steckten. 13 sind aus Eisen hergestellt, eine hervorragend gearbeitete ist aus Bronze gegossen (Taf. 16). Sie hat eine lange Tülle und ist sehr schön mit fein gearbeiteten Rippen verziert. Es handelt sich um ein ausgesprochenes Prunkstück, zu dem es keine genauen Vergleichsbeispiele gibt, doch läßt sich verschiedentlich beobachten, daß für besonders hervorgehobene Geräte Bronze statt Eisen verwandt wurde – so etwa für eine verzierte Lanzenspitze aus den Fürstengräbern der Heuneburg. Die Eisenpfeilspitzen stellen dagegen einen geläufigen Typus

dar – ganz ähnliche Stücke fanden sich etwa im Hohmichele, wo ein 60 cm langer Köcher 51 Pfeile enthielt (Abb. 5). Es sind flache Spitzen aus Eisenblech mit zwei langen Flügeln, auf die der gespaltene Holzschaft aufgeschoben ist. Unter der Pfeilspitze wurde er fein umwickelt und mit Pech verklebt. Auch diese Details sind bei einigen Stücken noch erhalten, während die Pfeilschäfte selbst zerbrochen sind und nur in Bruchstücken geborgen werden konnten. Dagegen sind wieder Teile der Pfeilenden mit Resten der Fiederung aus Vogelfedern vorhanden. Das Holz der Pfeilschäfte konnte bestimmt werden: Es handelt sich um Hasel, Pfaffenhütchen, Schneeball, Kornelkirsche, während die Bronzepfeilspitze als einzige einen Schaft aus Weidenholz hatte.

Es ist leider nicht ganz klar, ob ein Eisenmesser, das mit dem Köcher zusammen eingegipst wurde, im oder am Köcher lag (Taf. 17). Die Holzscheide des Messers und Teile des Griffs sind erhalten, so daß das Eisenmesser selbst nur im Röntgenbild zu erkennen ist. Es ist 21,6 cm lang und hat eine kurz abgesetzte Heftplatte. Die nur etwa 3 mm starke Holzscheide wurde durch vier Umwicklungen zusammengehalten, deren Führung in das Holz eingeschnitten ist. Es stammt vom Spindelbaum, auch Pfaffenhütchen genannt – ein fast weißes, zähes und hartes Material, das sich vorzüglich zur Herstellung einer so dünnwandigen Scheide eignet.

Wohl in einem Stofftäschchen auf der Brust des Toten (Taf. 7a) lagen drei Angelhaken, ein Nagelschneider und ein weiterer Gegenstand aus Eisen. Zu dem Täschchen, dessen Form nicht mehr erkennbar war, gehören Teile einer Lederschnalle, die sehr schön mit eingearbeiteten kleinen Bronzebuckeln verziert war. Ein geometrisches Muster mit Zickzackbändern ist deutlich zu erkennen (Taf. 18) und auch von anderen Lederarbeiten der Hallstattzeit bekannt. Die drei Angelhaken sind zwischen 4,2 und 5 cm lang (Abb. 40), anhaftende gedrehte Schnurreste konnten von Udelgard Körber-Grohne mit einiger Wahrscheinlichkeit als Schweifhaare des Pferds bestimmt werden. Die Haken sind für recht große Fische bestimmt. In Gräbern der Eisenzeit sind solche Angelhaken völlig ungewöhnlich, aus denen der Fürstengräberschicht bisher überhaupt nicht bekannt. Deshalb mögen sie für unseren Toten eine besondere persönliche Bedeutung gehabt haben – geht es zu weit, in ihm einen passionier-

65

ten Jäger und Angler zu vermuten? Da das Angeln kaum die herrschaftliche Bedeutung der Jagd hatte, die wir aus vielen Kulturen kennen, dürfen wir hier durchaus eine echte Passion vermuten.

Sehr wichtig in der persönlichen Ausstattung unseres Toten sind nun verschiedene Geräte zur Körperpflege. Neben dem schon genannten Nagelschneider sind es ein Holzkamm und ein großes Rasiermesser aus Eisen, die in bzw. auf dem Hut aus Birkenrinde lagen.

Der Nagelschneider aus Eisen ist 7,7 cm lang und hat einen profilierten Griff mit einer Ringöse (Abb. 41). Sein Ende ist fischschwanzartig gespalten und angeschliffen. Solche Geräte kommen zusammen mit Ohrlöffeln und Pinzetten als Toilettebesteck recht häufig in Gräbern der mittleren Hallstattzeit, also gut 100 Jahre früher, vor, werden dann aber in den Bestattungen, die mit dem Hochdorfer Grab gleichzeitig sind, sehr selten und statt aus Bronze aus Eisen hergestellt. Sie waren jedoch weiterhin im Gebrauch, wie Siedlungsfunde zeigen. Aus den übrigen bisher bekannten Fürstengräbern sind sie bisher nicht belegt. Der Nagelschneider zeigt also ein gewisses traditionelles Element unseres Grabes an.

Das gilt auch für das große Rasiermesser aus Eisen, das im Hut aus Birkenrinde lag (Abb. 42). Das 22,8 cm lange Messer hat eine halbmondförmige Schneide, die für die Rasiermesser typisch ist, und einen kurzen Griff. Es war in einen groben Stoff eingewickelt, der teilweise am Messer festgerostet ist. Deshalb kann man auch mit Sicherheit einen Holzgriff ausschließen, da dieser sich wie das Textil erhalten hätte. Wie die Toilettebestecke sind die Rasiermesser vor allem für

Abb. 40. Drei Angelhaken aus Eisen mit Resten der Angelschnur.

Abb. 41. Der Nagelschneider aus Eisen und ein nicht näher bestimmbarer Gegenstand, vielleicht ein kleines Messer.

Abb. 42. Das Rasiermesser aus Eisen mit Resten von Textil.

die mittlere Hallstattzeit typisch, während sie in der jüngeren Hallstattzeit in Gräbern nur noch vereinzelt vorkommen.

Wegen seiner schlechten Erhaltung konnte ein Holzkamm leider nicht mehr geborgen werden (Taf. 6a). Er lag auf dem Hut auf einem weiteren Holzgegenstand, bei dem es sich um einen zweiten, etwas größeren Kamm handeln könnte. Das Stück ist außerordentlich fein gesägt und sehr zierlich, seine Breite beträgt etwa 5 cm. Einfache Holz- und Knochenkämme gibt es seit der jüngeren Steinzeit, vereinzelt finden sich in der Latènezeit Kämme aus Bronze. Das Fehlen von Vergleichsfunden dürfte deshalb vor allem auf die schlechteren Erhaltungsbedingungen in anderen Gräbern zurückzuführen sein.

Die der Körperpflege dienenden Geräte hat der Keltenfürst mit Sicherheit zu Lebzeiten benutzt. Ihr weitgehendes Fehlen in zeitgleichen Gräbern ist keineswegs auf ein geringeres Sauberkeitsbedürfnis, sondern auf einen Wandel der Grabsitten zurückzuführen. Auch die Tatsache, daß solche Toilettegeräte fast ausschließlich in Männergräbern gefunden werden, ist sicherlich darin begründet. Leider wissen wir über die Haartracht der frühen Kelten Südwestdeutschlands nichts. Die auf der Hochdorfer Kline dargestellten Schwerttänzer mit lang herunterhängenden Haaren können dafür nur bedingt herangezogen werden, wie später auszuführen sein wird. Lediglich eine Stele, die zu einem mit Hochdorf etwa gleichzeitigen Grabhügel bei Tübingen-Kilchberg gehört, scheint eine Frisur zu haben. Kinnbärte könnten auf der neu entdeckten Stele von Rottenburg sowie auf einer zweiten Stele von

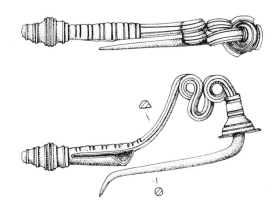

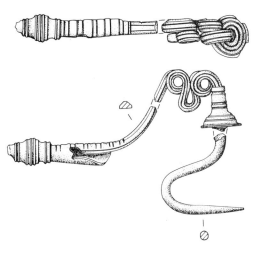

Kilchberg dargestellt sein, doch kann es sich ebensogut um das Kinn handeln. Auf das Fehlen menschlicher Haare im Grab von Hochdorf haben wir bereits hingewiesen.

Am Hals des Toten fanden sich fünf auf der Drehbank profilierte Bernsteinperlen (Taf. 19). Es handelt sich um drei kleinere und zwei größere Stücke, diese mit einem Durchmesser von 1,4 cm. Gleiche Perlen fanden sich in Fürstengräbern Burgunds, aber auch bei einfacheren Bestattungen. Der Tote von Hochdorf trug diese verhältnismäßig unscheinbaren Perlen sicherlich nicht als Schmuck, sondern eher als Amulett. Der Amulettcharakter des Bernsteins ist zu allen Zeiten wohl bekannt. Da sich unter den schon erwähnten Werkstattresten auch Abfälle von Bernsteinverarbeitung fanden, wäre es möglich, daß diese Perlen, die einzigen Bernsteinfunde in der Grabkammer, ebenfalls eigens für die Bestattung hergestellt worden sind. Ihre Bedeutung wäre damit wesentlich erhöht.

Zu den Gegenständen, die der Hochdorfer Kelte im Leben benutzt oder getragen hat, gehören schließlich noch zwei Schlangenfibeln aus Bronze (Abb. 43). Sie lagen auf der Brust, waren jedoch durch Tücher verdeckt, so daß sie wahrscheinlich bei der Aufbahrung gar nicht gesehen werden konnten. Sie wurden für die Grablege durch zwei Fibeln aus Gold ersetzt, auf die wir später zurückkommen wollen. Die beiden Bronzefibeln sind sehr sorgfältig und aufwendig gearbeitet, der Fußknopf wurde auf der Drehbank profiliert und mit eingelegter Koralle verziert. Wie bei den Fibeln aus Gold (Abb. 45 und Taf. 21) sind auch hier die Nadeln verbogen.

Nur der Vollständigkeit halber seien hier Reste eines Weidengeflechts erwähnt, die sich oberhalb des Schädels fanden. Sie waren jedoch so bruchstückhaft erhalten, daß über das Aussehen dieses Gegenstandes keine Aussagen mehr gemacht werden können.

Auch über die Kleidung des Toten können wir hier nicht berichten. Obwohl aus dem Bereich des Skeletts etwa 400 Textilproben entnommen wurden, dürfte es kaum möglich sein, die Kleidungsstücke zu rekonstruieren. Die meisten Proben gehören zur Polsterung der Kline, während die darauf liegenden Kleidungsstücke weitgehend zerfallen und unkenntlich waren. Sicherlich waren einzelne Kleidungsstücke von in Brettchenweberei hergestellten Schmuckborten eingesäumt. Die Untersuchung der Textilien durch Hans-Jürgen Hundt (Mainz) ist jedoch noch nicht abgeschlossen, so daß diese Ergebnisse abgewartet werden müssen.

Die hier beschriebenen Gegenstände – Goldhalsring und Dolch als Standesabzeichen, Hut, Amulettperlen, Jagd- und Fischereigeräte, Toilettegegenstände und zwei Gewandspangen – geben uns zumindest einen kleinen, begrenzten Einblick in die Lebensgewohnheiten und das Aussehen des Hochdorfer Kelten. Das Fehlen von Waffen im Grab, sei es auch durch die Bestattungssitten bedingt, weist darauf hin, daß sie im Leben dieses Mannes keine besonders große Rolle spielten. Er ließ entweder andere für sich kämpfen oder gründete seinen Einfluß und den in den Beigaben manifestierten Reichtum auf wirtschaftliche oder religiöse Grundlagen. Jagd und Fischfang spielten in seinem Leben eine große Rolle, und auch seine der Körperpflege dienenden Geräte benötigte er im jenseitigen Leben.

Abb. 43. Zwei Schlangenfibeln aus Bronze. M. 1:1.

Tafel 13
Der goldene Halsreif.

Tafel 14
Der Dolch mit verzierter Bronzescheide.

Tafel 15   Der Hut aus Birkenrinde.

Tafel 16
Eisenpfeilspitzen mit Resten der Schäftung und eine gegossene Bronzepfeilspitze. Länge 7,6 cm.

Tafel 17
Eisenmesser in geschnitzter Holzscheide.

Tafel 18
Mit Bronzezwecken verzierter Lederverschluß der Tasche.
Länge 12 cm.

Tafel 19
Fünf gedrechselte Bernsteinperlen.

Die Totenausstattung aus Gold

Ein für die Bestattungssitten ganz neuer und bisher für die Hallstattkultur in dieser Eindeutigkeit noch nie belegter Aspekt ist die Ausschmückung der Leiche mit Gold. Es läßt sich beweisen, daß dieses eigens für die Bestattung verarbeitet worden ist und damit entweder für die Präsentation des Toten bei seiner Aufbahrung oder den Bestattungsfeierlichkeiten gedacht war oder aber seiner Ausschmückung für das Jenseits diente. Dieser Schmuck stammt nicht aus dem täglichen Leben des Fürsten, wie dies bei seinem Goldhalsring anzunehmen ist. Deshalb sind die meisten dieser Goldfunde nördlich der Alpen einmalig oder zumindest außerordentlich selten. Sollte die Hochdorfer Goldausstattung nicht überhaupt einmalig sein, dann war ein so reicher Goldschmuck sicherlich auf Zentralgräber in Hügeln beschränkt, die in der Regel ausgeraubt und damit nur unvollständig überliefert sind. Auf diese Frage jedoch wollen wir nach der Besprechung der einzelnen Fundgegenstände noch einmal zurückkommen.

Bei der Aufdeckung des Grabes fielen natürlich die reichen Goldgegenstände, mit denen der Tote bedeckt war, als erstes ins Auge. Die Faszination, die dieses seltene und edle Metall damals wie heute ausstrahlt, war auch der ausschlaggebende Grund, warum das Hochdorfer Grab so publikumswirksam wurde. Gold zu finden ist ein alter Traum und wird oft mit dem Beruf des Archäologen verbunden. Tatsächlich sind diese Gegenstände trotz ihrer Schönheit und ihres Glanzes wissenschaftlich weit weniger bedeutend als manch anderer Fund in diesem Grab, und die Archäo-

logie ist schon seit langem über das Stadium der Schatzgräberei hinausgelangt. Dennoch wird auch ein nüchterner Archäologe unserer Tage solche Funde mit Faszination in der Hand halten.

Ein Schmuckstück, das in den Fürstengräbern häufiger auftritt, ist der goldene Armreif, den der Tote von Hochdorf wie auch sonst üblich am rechten Handgelenk trug (Taf. 4a). Beim Kammereinbruch fiel der Arm von der Kline herunter und rutschte etwas unter die Sitzfläche, doch war der Ring kaum verbogen. Ein einzelner Armring kommt in Männergräbern der Hallstattzeit häufiger vor, während weibliche Bestattungen zwei oder mehr Ringe aufweisen können – wie etwa ein reiches Grab von Schöckingen, in dem die Tote an jedem Arm drei Goldringe trug.

Der Hochdorfer Ring (Abb. 44 und Taf. 20) ist mit 7,4 cm recht breit und eher als Armstulpe anzusprechen – eine Form des Armschmucks, die vor allem in etwas älteren Gräbern üblich war. Hier sind breite Stulpen aus Bronzeblech, Gagat oder Gagatperlenketten hergestellt worden. Unser Armring, der aus recht dickem Blech von 0,5 mm Stärke getrieben ist, wiegt immerhin 75 Gramm. Er ist aus einem 10,2 cm breiten und 24 cm langen Band hergestellt, das in fünf Wülste gegliedert ist. Auf sie ist ein umlaufendes Band einfacher Kreispunzen, eingefaßt von einer Linie, eingearbeitet, während in den Vertiefungen sechsstrahlige Kegel sitzen. Die Längskanten des Blechs sind nach innen umgeschlagen und werden von einer eingedrückten Längslinie begleitet. Die Herstellung des Armreifs läßt sich sehr gut nachvollziehen: Zunächst

◁ Tafel 20
Der goldene Armreif.

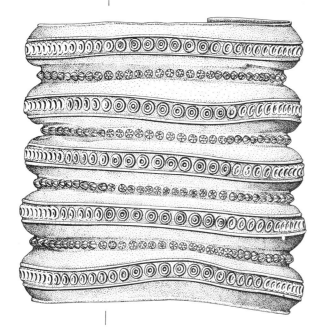
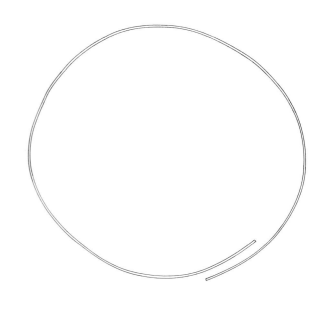

Abb. 44. Der Armreif aus Gold mit Schnitten.

sind die Kreis- und Kegelpunzen von innen nach außen eingetrieben worden, dann wurden die Längslinien entlang eines Lineals eingedrückt. Danach hat man die Wülste durch Hämmern der Flächen zwischen Kegelpunzen und Längslinien durch Schläge auf die Innenseite getrieben, wobei das Blech außen auf eine weiche Unterlage aufgelegt war. Die Längsseiten wurden entlang einer eingedrückten Linie nach innen geschlagen. Dann wurde der Ring zusammengebogen, wobei einige Wülste an verschiedenen Stellen verdrückt worden sind. Für die Kreispunzen wurde ein Werkzeug verwandt, das einen erhabenen Ring, dazwischen jedoch eine kleine Erhöhung hatte, die sich bei tieferem Einschlagen in der Kreispunze zeigt (Taf. 9a). Die Kegelpunze besitzt auf einer Seite als Unregelmäßigkeit die Gabelung eines Strahls.

Der Ring zeigt keinerlei Abnutzungsspuren, weder scheuern die übereinanderliegenden Flächen der Öffnung, noch sind die Schnitte an den Enden des Blechs verrundet. Es gibt zum Hochdorfer Ring kein direktes Vergleichsstück, doch sind alle 30 Armringe, die bisher bekannt geworden sind (Abb. 37), recht unterschiedlich gearbeitet, falls es sich nicht um Ringsätze wie im Grab von Schöckingen handelt. Die Verbreitungskarte der Goldarmringe zeigt den bekannten Kreis der Füstengräber.

Nördlich der Alpen einmalig sind die zwei goldenen Schlangenfibeln, die zusammen an der rechten oberen Brustseite des Toten lagen (Abb. 45 und Taf. 21). Sie waren beim Kammereinbruch wohl aus ihrer ursprünglichen Lage gedrückt worden und steckten nun senkrecht mit dem Fuß nach oben direkt nebeneinander. Die beiden Stücke sind fast identisch und weichen auch im Gewicht nur um wenige Milligramm voneinander ab (16,88 bzw. 17,07 g), doch ist eines der beiden Stücke etwas zusammengedrückt worden. Die ursprüngliche Gesamtlänge betrug 6,5 cm.

Die Fibeln sind aus sieben Teilen zusammengesetzt (Abb. 45 rechts). Ihr Körper besteht aus massivem Gold, das in den Windungen rechteckig oder quadratisch, im Bereich der Nadel dann rund ausgehämmert ist. Der sogenannte Gewandhalter, der das weitere Eindringen der Nadel in den Stoff des Kleides verhindert, ist aus einem gerippten Blechröhrchen und einer aufgeschobenen Scheibe mit Verzierung durch eine Kugelpunze hergestellt. Auf den Fibelbügel und den Fuß wurde ein Blech gearbeitet, das mit facettierten Kreis- und S-Punzen (Taf. 9b) geschmückt ist. Der kugelige Fibelfuß ist aus zwei Blechschalen zusammengesteckt, in die als Ende ein kleines Schälchen eingeklebt wurde. Auch der Fußknopf ist durch Kugelpunzen und Rippen verziert. Die Nadel beider Stücke ist S-förmig verbogen.

Die Fibeln gehören zum weitverbreiteten Typ der

Schlangenfibeln und sind den zahlreichen Beispielen aus Bronze nachgearbeitet (vgl. Abb. 43). Allerdings haben sie natürlich Eigenheiten, die im Material bedingt sind. So ist eine solch reiche Verzierung sonst nicht zu beobachten, und sie sind auch nicht recht funktionstüchtig, da Gold ja nicht federt. Ganz deutlich wird, daß sie gar nicht für den Gebrauch bestimmt waren, denn die Fußknöpfe sind lediglich zusammengesteckt, nicht etwa vernietet oder verklebt, so daß sie leicht auseinanderfallen. Die Nadeln wurden offensichtlich verbogen, um die Stücke im Obergewand festzustecken, so daß sie deutlich gesehen werden konnten. Andererseits sind die beiden Fibeln von hervorragender handwerklicher Qualität und verraten die Hand eines Goldschmieds, der mit seinem Material vorzüglich umzugehen wußte. Er hat für die Ausstattung dieses Grabes sein Bestes gegeben.

Massive Goldfibeln sind, wie schon bemerkt, nördlich

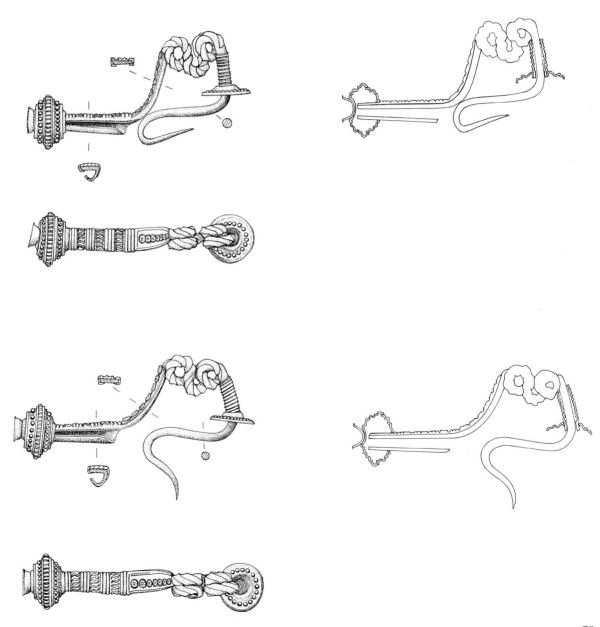

Abb. 45. Zwei Schlangenfibeln aus Gold. M. 1:1.

der Alpen unbekannt. Es gibt einige Stücke, die mit Goldblech plattiert sind – unter anderem Eisenfibeln aus dem Grafenbühl beim Hohenasperg und aus den Cannstatter Fürstengräbern. Möglicherweise wurde hier die Goldplattierung ebenfalls für die Grablege angebracht. Bekannt sind jedoch die hervorragend gearbeiteten etruskischen Goldfibeln, und auch aus Oberitalien kennen wir einige goldene Fibeln, darunter zwei Schlangenfibeln aus Fraore bei Parma. So zeigen unsere beiden Fibeln sicherlich südliche Einflüsse, doch sind sie von einem frühkeltischen Handwerker angefertigt worden und besonders für die Datierung des Hochdorfer Grabes von großer Bedeutung.

Ebenfalls einmalig ist der Goldblechüberzug des Hochdorfer Dolches, unter dem sich ein Bronzedolch mit reich verzierter Scheide verbarg (Abb. 38 und Taf. 14). Wir haben ihn schon besprochen. Bei der Restaurierung wurde das Goldblech abgenommen und dann wieder auf einen Abguß des Bronzedolchs montiert (Taf. 22), so daß nun zwei Dolche vorliegen. Um das Gold anbringen zu können, wurden zunächst von der Scheide einige hervorstehende Knöpfe beseitigt, deren Spuren noch vorhanden sind und die sich auch bei anderen Bronzedolchen finden. Es waren Knöpfe an beiden Seiten des Hefts und etwas oberhalb des Ortbandes und wohl auch auf der aufgenieteten Aufhängevorrichtung, die ohnehin etwas über das Scheidenblech erhaben ist.

Um den Dolch mit Gold zu verkleiden, fertigte der Handwerker 16 Einzelbleche an, die der vorgegebenen Form genau angepaßt sein mußten. Bewußt wurde darauf geachtet, daß zumindest die Vorderseite des Stücks frei von häßlichen Faltenbildungen war, während die Rückseite weniger wichtig war – ließ man doch einen großen Teil der Bronzescheide frei, um Gold zu sparen. Auch die Umwicklung des Griffs auf der Rückseite ist sehr wenig sorgfältig gefalzt. Der Goldschmied hat die Bleche jedoch auch auf der Rückseite verziert – so die separat gearbeiteten Teile für Heft und Ortband. Am schwierigsten war der Antennenfortsatz des Griffs zu überziehen – der Goldschmied mußte allein dafür zehn kleine Bleche herstellen, die genau angepaßt sind. Die drei senkrecht stehenden knopfartigen Fortsätze sind jeweils mit einem Blech umwickelt, über das eine separat gearbeitete Kappe gesetzt ist, die die Knöpfe von oben überdeckt. Die beiden Antennenfortsätze sind, um Faltenbildun-

gen zu vermeiden, mit je zwei Blechen überzogen. Bei der Verzierung dieser Teile, die aus S- und Kegelpunzen sowie herausgedrückten Linien besteht, hat sich der Goldschmied an die von der Bronzeform vorgegebenen Linien gehalten. Der 7,3 cm lange Griff – der für die mächtige Pranke unseres Kelten viel zu klein war – wurde mit einem einzigen Blech umwickelt, das auf der Rückseite recht nachlässig gefaltet ist. Auch seine Verzierung durch Kegelpunzen mit Strahlen, kleine Kegel- und S-Punzen sowie scharfe Rippen (Taf. 9d) lehnt sich an die vorgegebene Profilierung des Bronzegriffs an. Das Heft ist von zwei separat gearbeiteten Blechen überdeckt, die sich seitlich überlappen, während die Dolchscheide von einem einzigen Blech bedeckt ist, das einfach auf die Rückseite gefaltet wurde und sonst gar nicht weiter befestigt ist. Hier hat der Goldschmied ein neues Muster entwickelt, das sich entlang einer prägnanten Mittelrippe in Streifen von oben nach unten zieht. Es besteht aus Pfeil- und S-Punzen (Taf. 9f), während auf der erhabenen Aufhängevorrichtung wieder gerippte Kegelpunzen sitzen. Das Ortband ist durch Querstege abgesetzt, zwei Blechschalen mit konzentrischer Verzierung überdekken das originale Bronzerädchen. Für die Vergoldung des Dolchs wurde Goldblech von etwa 100 Gramm Gewicht verwendet.

Schon durch die Überdeckung der verzierten Bronzescheide ist völlig klar, daß das Goldblech sekundär aufgebracht wurde, und zusätzliche technische Beobachtungen zeigen, daß das vergoldete Stück nie in Gebrauch war. So sind etwa feine, scharfkantige Goldspäne an den Schnittflächen erhalten, die schon bei einmaligem Tragen abgefallen wären. Leider haben sich von der Aufhängevorrichtung keine organischen Reste erhalten, da gerade auf diese Stelle ein großer Steinbrocken gefallen war, durch dessen Schlag auch der Griff des Dolches abgebrochen ist. Nur von einem weiteren Hallstattdolch aus Grab 696 des Friedhofs von Hallstatt selbst ist Goldverzierung bekannt. Hier sind Teile des Eisengriffs mit Goldblech überzogen, und auch die Klinge ist mit Kreisaugen aus Goldblech tauschiert. Es handelt sich demnach um einen Prunkdolch, der von vornherein so geschmückt war. Dieser Dolch hat übrigens einige Ähnlichkeit mit unserem Hochdorfer Stück.

Der Dolch lag schräg auf einem Gürtelblech aus Gold und war wohl ursprünglich auch hier befestigt, doch ist diese Partie, wie bereits erwähnt, zerstört. Das rechteckige Gürtelblech (Taf. 23) von 33 cm Länge und 8,5 cm Breite wiegt 130 Gramm. Es ist durch Rippen in vier Horizontalzonen gegliedert, die mit Doppel-X- und S-Punzen zwischen feineren Streifen (Taf. 9 c) verziert sind. Die beiden Schmalseiten sind durch Querstreifen markiert. Gürtelbleche mit Horizontalrippung kommen auch sonst in Fürstengräbern vor, so etwa in denen bei der Heuneburg, und auch im Grabhügelfeld im Paffenwäldle von Hochdorf, das nur einen Kilometer von unserem Grab entfernt liegt, wurde ein ähnliches Blech aus Bronze gefunden. Gürtelbleche dieser Art scheinen für Männer typisch zu sein.

Das goldene Gürtelblech von Hochdorf jedoch ist ein Unikat, während aus der Hallstattkultur weit über 500 Bronzegürtel bekannt sind. Es handelt sich meist um die Vorderteile von breiten Ledergürteln, wie einer auch im Grab von Hochdorf lag. Denn unser Goldblech wurde auf einen schon bestehenden Gürtel aufgenäht. Dieser Gürtel hatte eine dünne, unverzierte Bronzeblechplatte, die ebenso groß ist wie das goldene Gürtelblech. Sie war an den beiden Schmalseiten mit zwei zusätzlichen Bronzeleisten und kleinen Nieten auf einem Ledergürtel befestigt, der sich unter der Bronze teilweise erhalten hat. Der rückwärtige Teil des Ledergürtels ist mit ungemein feiner Bronze verziert – es handelt sich nicht um die sonst üblichen Bronzezwecken, wie sie etwa für den Verschluß des Täschchens verwendet worden sind, sondern um eine drahtartige, an Brokat erinnernde Einarbeitung. Ihr Muster hat sich nur im Röntgenbild erhalten und besteht aus Haken-, Zinnen- und Kreismustern, die in Bändern angeordnet sind. Eine ähnliche Verzierungstechnik ist mir bisher nicht bekannt, und leider ließ sich auch nicht klären, wie diese Muster technisch hergestellt wurden. Der Ledergürtel umfing den Leib der Person und wurde auf der rechten Körperseite geschlossen. Allerdings ist der ursprüngliche Verschluß durch sechs Goldringchen ersetzt worden, die wohl mit kleinen Lederriemen den Verschluß bildeten. Auf diesen Leder- bzw. Bronzegürtel wurde nun das Goldblech aufgenäht. Zu diesem Zweck hat man die meisten hervorstehenden Nieten, mit denen das Bronzeblech auf dem Leder befestigt war, entfernt, das Bronzeblech mit feinen Bohrlöchern versehen, das Gold mit weiten Stichen an drei Seiten aufgenäht (Taf. 23) und diese

Nähte dann mit einer pechartigen schwarzen Masse leistenförmig überdeckt. Auf das Befestigen des Goldblechs hat man also sehr viel Mühe und Sorgfalt verwandt.

Ganz anders ist dies bei den Goldblechen, mit denen die Schuhe des toten Keltenfürsten geschmückt worden sind. An beiden Füßen fanden sich bei der Freilegung des Skeletts je ein breites Goldband und ein hufeisenförmiges Blech (Taf. 7 b). Leider hatten sich von den Schuhen keine Reste erhalten, da diese Partie der Bronzeliege sehr stark zerdrückt und fragmentiert war. Ihre Form läßt sich jedoch mit einiger Sicherheit rekonstruieren, wenn man die Bleche genauer betrachtet. Das breite Band ist 35 cm lang und 6,5 cm breit und an beiden Enden schräg abgeschnitten. Obwohl es nur 0,2 mm dick ist, wiegt es immerhin 21,5 Gramm. Die Verzierung ist streng geometrisch (Abb. 46, 47) in einem Felderstil, den wir zum Beispiel von der Keramik der älteren Hallstattkultur kennen und der dann vor allem bei der Ausschmückung von Gürtelblechen verwendet wurde. Deutlich ist zu erkennen, daß der Goldschmied mit einem Stichel durch fein eingedrückte Linien seine Felder angerissen und dann mit Punzen ausgefüllt hat. Die beiden breiten Bleche sind aufeinanderliegend zusammen verziert worden, denn sie zeigen beide genau die gleichen Unregelmäßigkeiten und Abweichungen von dem vorgegebenen Verzierungsschema. Diese beiden Bleche waren im Knöchelbereich auf die Schuhe aufgenäht. Mit recht unregelmäßigen, feinen Stichen waren sie an drei Rändern angeheftet worden. Für die Verschnürung hat man rechts und links je drei Löcher eingestochen. Dies geschah jedoch außerordentlich grob und ohne jede Sorgfalt, die spitzen Blechränder und Späne wurden nicht entfernt, ja nicht einmal angedrückt. Bei der Anbringung dieser Löcher mußte man sich an die vorgegebene Form der Lederschuhe halten – sie sind von außen nach innen eingestochen.

Ebenso grob sind die beiden Bleche auf der Spitze der Schuhe beim Aufnähen behandelt worden. Sie sind 2,8 cm breit und verschieden stark gebogen (Abb. 48, 49). Ein Blech schwingt weiter aus und ist damit der Zehenpartie des linken bzw. rechten Fußes angepaßt – das heißt, daß auch die Schuhe für einen rechten und einen linken Fuß zugeschnitten waren. Mit einem kleinen Goldblechstreifen werden die Bänder an der Spitze zusammengehalten. Würde man diese beiden Bän-

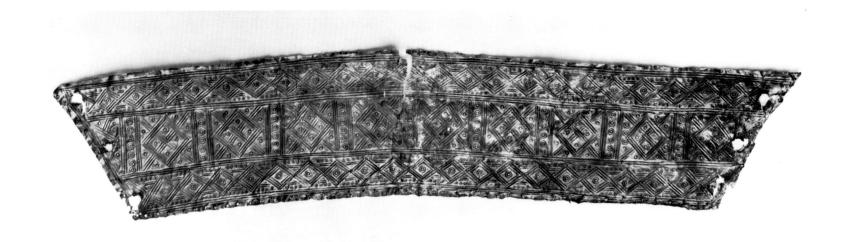

Abb. 46. Breites Knöchelband aus Gold.

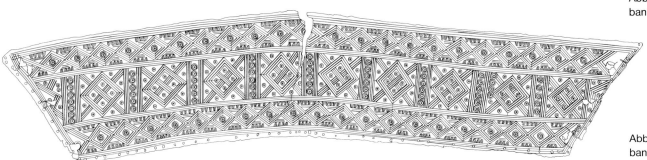

Abb. 47. Breites Knöchelband aus Gold. M. 1:2.

der flach auf einen Schuh legen, so müßte dieser außerordentlich breit sein; erst wenn man die Schuhspitze höher anlegt, wird der Schuh schmäler und entspricht der natürlichen Fußform. Beide Bänder haben an ihrem Ende ein durchgestochenes Schnürloch. Paßt man dieses im Abstand und in der Reihung zu denen der Knöchelbänder, ergibt sich die Form eines Schuhs mit etwas angehobener Spitze (Taf. 24). Die in unserer Abbildung gezeigte Rekonstruktion ist die wahrscheinlichste, doch könnte die Schuhspitze durchaus noch etwas steiler gestellt werden. Die für rechts und links sehr sorgfältig und individuell hergestellten Bleche wurden, wie schon erwähnt, beim Aufnähen sehr grob behandelt: Beispielsweise riß beim Durchstechen eines Schnürlochs sogar ein Blechstück ab. Am deutlichsten zeigt jedoch eine andere Beobachtung, wie nachlässig der Leichnam behandelt wurde – beim Aufnähen der Bleche oder beim Anziehen der Schuhe hat man rechts und links verwechselt! War es die Scheu vor der Person des Toten oder eine professionelle Kaltschnäuzigkeit, wie sie von den altägyptischen Leichenbesorgern bis heute zu beobachten ist?

Jedenfalls trug der Tote über die Knöchel reichende Stiefel, die wie unsere heutigen Schuhe auf der Vorderseite über Kreuz geschnürt waren. Sie waren spitz wie Opanken, leicht aufgebogen und schon auf rechts und links zugeschnitten. Die Hochdorfer Schuhe entsprechen damit der Form, wie wir sie von kleinen Bronzeanhängern oder aus bildlichen Darstellungen kennen. Allerdings gibt es zu den Goldbeschlägen keine Parallelen, und auch Beschläge aus Bronze oder einem anderen Material sind bisher nicht beobachtet worden. Möglicherweise wurde hier ein Verzierungselement aus organischem Material – etwa eine Stickerei, Ledergeflecht oder Fellbesatz – in Gold umgesetzt.

Bei fast allen hier besprochenen Gegenständen fiel auf,

Abb. 48. Goldbänder von der Schuhspitze.

Abb. 49. Goldbänder von der Schuhspitze. M. 1:1.

82

daß sie entweder nicht funktionstüchtig oder aber so neu sind, daß sie nie benutzt worden sein können. Die Überdeckung der verzierten Dolchscheide mit Goldblech belegt zudem, daß es sich um Schmuck handelt, der sekundär angefertigt bzw. aufgebracht wurde. Dies schon widerspricht der Annahme, daß der Goldschmuck zu Lebzeiten benutzt wurde – etwa als Ausschmückung bei rituellen oder zeremonialen Anlässen, entsprechend einem Krönungsornat im Mittelalter. Auch hier sind Goldschmiedearbeiten oft außerordentlich nachlässig ausgeführt worden – man braucht nur die in den Schatzkammern ausgestellten Kronen einmal näher zu betrachten. Eine solche Verwendung scheidet für den Hochdorfer Goldschmuck aus, ja wir glauben belegen zu können, daß er direkt beim Grab für die Bestattung hergestellt wurde. Eine genaue Untersuchung der Goldgegenstände weist schon in diese Richtung, denn man kann sehr einfach erkennen, daß zur Verzierung der Bleche gleiche Punzen verwendet worden sind (Abb. 50). So finden wir eine S-Punze mit einer leichten Unregelmäßigkeit auf dem Dolch (Taf. 9d, f), auf dem Gürtel (Taf. 9c), auf beiden Fibeln (Taf. 9b) und auf den Schuhen (Taf. 9e). Durch pfeilförmige Punzen sind der Dolch (Taf. 9f) und die beiden Bleche der Schuhe (Taf. 9c) verbunden. Die Kegelpunze mit unregelmäßigen Strahlen kommt auf dem Dolch (Taf. 9d) und dem Armring (Taf. 9a) vor, so daß auch dieses Schmuckstück aus der gleichen Werkstatt stammt. Diese wichtige Beobachtung belegt zunächst einmal, daß die genannten Gegenstände mit den gleichen Werkzeugen hergestellt worden sind. Betrachtet man die übrigen Goldgegenstände des Grabes, so sieht man, daß zu ihrer Verzierung andere Punzen verwendet wurden, doch sind die Goldbleche der neun Trinkhörner, auf die wir noch zurückkommen werden, ebenfalls durch zwei Punzen miteinander verbunden (Taf. 9g und h). Ganz andere Werkzeuge wurden für die Verzierung des Halsreifs verwendet (Taf. 8a), und auch die Goldschale mit ihren groben Kreispunzen (Taf. 38) weicht ab (Abb. 50). Ergänzt wird diese Feststellung durch die Analyse des Goldes, die Axel Hartmann durchgeführt hat. Sie zeigt ganz klar, daß das Gold des Halsrings völlig anders zusammengesetzt ist als das der übrigen Gegenstände, so daß vermutet werden kann, daß alle Goldgegenstände mit Ausnahme des Halsreifs aus ein und derselben Werkstatt stammen. Das Gold ist im übrigen rein, d. h.

	S	⋀	⊕	•	◎	⋈
Dolch	X	X	X	X		
Gürtel	X					
Fibeln	X			X		
Schuhspitzen	X	X				
Knöchelbänder		X				
Armring			X			
Eisentrinkhorn					X	X
Organische Trinkhörner					X	X
Halsreif						
Schale						

Abb. 50. Tabellarische Übersicht der identischen Punzen. Dolch, Fibeln, Gürtel, Schuhe und Armringe wurden mit gleichen Punzen in ein und der selben Werkstatt hergestellt, ebenso die goldenen Trinkhornbeschläge. Diese Gegenstände wurden von einem Goldschmied speziell für die Bestattung angefertigt.

unlegiert, verwendet worden; der Zinngehalt zeigt, daß es sich um Waschgold, nicht um Berggold handelt, dessen Herkunft jedoch nicht genau angegeben werden kann. Es ist eine Goldsorte, die in der Hallstattzeit Südwestdeutschlands häufig verwendet worden ist.

Wie wir schon ausgeführt haben, fanden sich im Nordteil des Hügels und vor allem in drei radial angelegten Gruben die Reste von Werkstätten, in denen Bronze, Bernstein, Knochen, Gold und wohl auch Eisen verarbeitet worden sind. Ein Teil dieser Reste kam beim Aufschütten des Primärhügels in die Grabanlage, der andere wurde mit den zusammengekehrten Resten von Asche und Holzkohle in den Gruben vergraben. Diese Funde sind außerordentlich aufschlußreich, geben sie uns doch Einblick in einen frühkeltischen Handwerksbetrieb. Sie sind so zahlreich, daß es sich keinesfalls um die üblichen Abfälle einer Siedlung handeln kann, die zufällig in den Hügel kamen. Obendrein sind – im Vergleich zu den etwa 50 Metallgegenständen aus dieser Werkstatt – Scherben von Keramikgefäßen vergleichsweise spärlich vertreten, d. h. das Fundspektrum entspricht nicht dem einer „normalen" Siedlung. Da große Werkzeuge wie Hämmer, Meißel, Ambosse oder Zangen fehlen, wurden sie von den Handwerkern offensichtlich wieder mitgenommen, lediglich einige kleinere Werkzeuge, die vielleicht unbrauchbar oder beschädigt waren, befinden sich unter diesen Abfällen (Abb. 51). Es sind kleine Meißel oder Stichel aus

Bronze und Eisen und zwei Nähnadeln aus Bronze. Eine ist verbogen, die andere winzig klein – nur 1,7 cm lang. Mit ihr konnten nur feinste Näharbeiten ausgeführt werden. Betrachtet man die feingewobenen Textilien dieses Grabes, so erstaunt allerdings nicht, daß so delikates Nähzeug verwendet worden ist. Wahrscheinlich ging dieser kleine Gegenstand zufällig verloren. Eindeutige Belege für Bronze- und Goldverarbeitung sind dann Halbfabrikate aus diesen Metallen. Zwei Bronzebarren wurden durch Hämmern bearbeitet, einer davon bandförmig ausgeschmiedet (Abb. 51, 24), der andere an einer Stelle breiter gehämmert, wo er dann abgebrochen ist (Abb. 51, 26). Vielleicht sollte daraus eine Paukenfibel hergestellt werden, wie sie als unfertiges Stück in einer der Gruben lag (Abb. 51, 20). Die Pauke dieser Fibel ist jedoch beim Aushämmern gerissen, so daß der Handwerker auf ein Weiterarbeiten verzichtet hat – der Fußknopf der Fibel fehlt, und das Stück kam zum Abfall. Bei einer zweiten Paukenfibel (Abb. 51, 22) sind die Nadel und der Fuß abgebrochen, auch sie wurde weggeworfen. Von der Herstellung einer Schlangenfibel (vgl. Abb. 43) stammt ein weiteres Halbfabrikat, das außerordentlich aufschlußreich ist (Abb. 51, 27). Hier waren schon der Fußknopf und die Nadelrast grob ausgehämmert, aber noch nicht feiner bearbeitet oder überschliffen. Man hatte bereits begonnen, den Bügel in die gewollte Schlangenform zu bringen, dann aber wohl bemerkt, daß der Draht für eine Fibel viel zu kurz war. Durch diese Funde ist die Herstellung von Schlangen- und Paukenfibeln belegt, wie sie in genau der gleichen Form auch im Grab gefunden wurden: Es sind die zahlreichen Fibeln, die zum Zusammenhalten oder Drapieren der Stoffbahnen dienten (Abb. 88).

Für unsere Goldfunde ist jedoch das Halbfabrikat aus Gold am wichtigsten. Es lag ebenfalls in einer der Gruben, wurde also nicht zufällig, sondern mit Absicht in den Hügel gebracht. Der Goldschmied hatte aus einem kleinen Barren einen Draht zu hämmern begonnen (Abb. 24), seine Arbeit dann aber nicht fertiggestellt. Halbfabrikate aus Gold sind bisher nicht bekannt – auch heute noch sammelt jeder Goldschmied seinen Abfall, ja selbst Feilspäne auf das sorgfältigste, um sie einzuschmelzen und wiederzuverwenden. So ist eindeutig auszuschließen, daß es sich bei diesem immerhin fünf Gramm schweren Fund um einen zufällig verlorengegangenen Gegenstand ohne Bedeutung han-

Tafel 21 ▷
Zwei goldene Schlangenfibeln.

Tafel 23 Das Gürtelblech aus Gold.

Tafel 22 Der goldverzierte Bronzedolch.

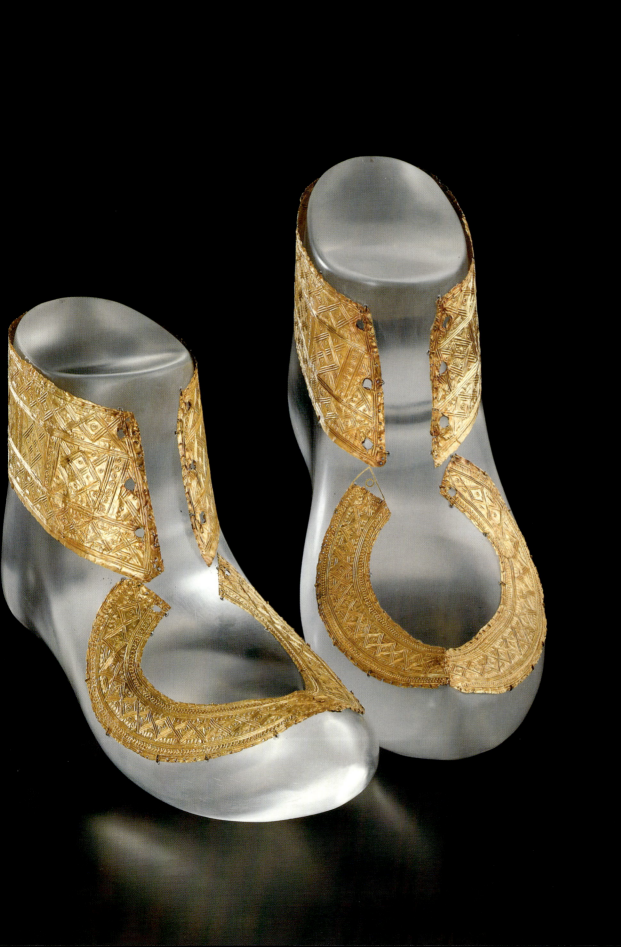

Tafel 24
Die goldenen Schuhbeschläge.

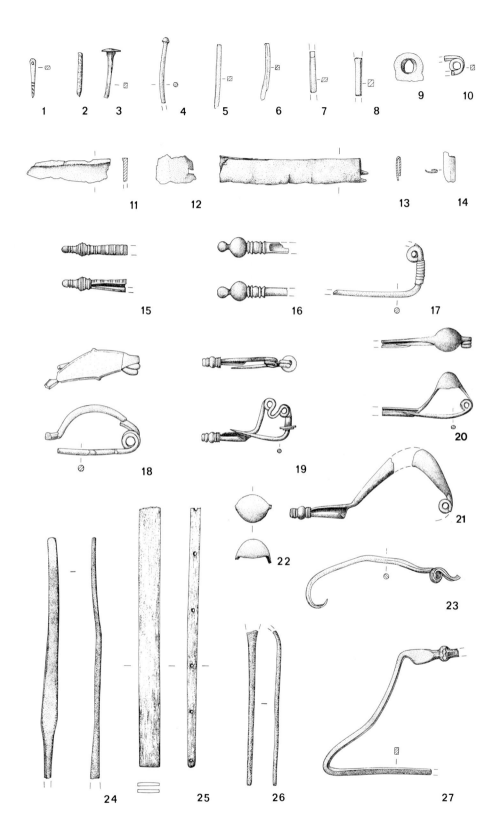

Abb. 51. Die Werkstattreste: 1 Nähnadel; 2–14 Bronzeschrott zum Einschmelzen; 15–19, 21, 23 Fibelteile zum Einschmelzen; 20, 22, 27 Halbfabrikate von Fibeln; 24, 26 Bronzehalbfabrikate; 25 beim Durchbohren abgebrochener Knochenschieber. M. ca. 2:3.

delt, sondern das Halbfabrikat belegt, daß bei dem Grabhügel Gold verarbeitet wurde – daß also der Goldschmuck unseres Keltenfürsten neben dem Grabhügel gefertigt worden ist. Durch den Vergleich der Punzen, die zur Verzierung der Gegenstände benutzt worden sind, konnten wir belegen, daß zumindest die goldenen Fibeln, der Armreif, der Dolchüberzug, der Gürtel und die Schuhbeschläge aus ein und derselben Werkstatt stammen und daß auch die Goldbleche der Trinkhörner von ein und demselben Goldschmied hergestellt worden sind. Mit dem Halbfabrikat läßt sich diese Werkstatt nun einwandfrei lokalisieren. Dies bedeutet jedoch auch, daß man für die Handwerker zumindest provisorische Unterkünfte errichtet hat, die dann nach der Bestattung verlassen und aufgegeben und schließlich beim Abgraben für die Hügelaufschüttung mit der Erde in den Grabhügel kamen. Die beste Erklärung, warum man so wertvolles Gut wie Gold oder das gleich noch zu besprechende Altmaterial aus Bronze aufgab, ja mit Absicht im Hügel vergrub, dürfte sein, daß dieses allein für die Totenausstattung bestimmt, gewissermaßen dem Toten geweiht war und durch das Vergraben in den drei Gruben einer späteren Profanierung entzogen werden sollte.

Außer den Halbfabrikaten aus Bronze belegen auch zahlreiche Schlacken, deren Gewicht einige Kilogramm beträgt, und vor allem angeschmolzene Bronze oder auch Gußtropfen (Abb. 89) eindeutig eine umfangreiche Bronzeverarbeitung. Die naturwissenschaftliche Untersuchung der Schlacken ist noch nicht abgeschlossen, doch scheint es sich teilweise um Eisenschlacken zu handeln. Als Gegenstände aus Eisen, die speziell für die Grabausstattung hergestellt wurden, kommen vor allem die Haken in Frage, mit denen die Tücher an den Kammerwänden befestigt wurden (Abb. 90).

Interessant ist nun aber auch das umfangreiche Altmaterial aus Bronze, gewissermaßen Bronzeschrott, der zum Einschmelzen und Herstellen neuer Gegenstände gedacht war, aber offensichtlich nicht mehr benötigt und deshalb wie das Gold im Hügel vergraben wurde. Es gibt auch einen recht guten Überblick darüber, welches Material einem Bronzegießer zur Verfügung stand – es sind zerbrochene Gegenstände, darunter auch neun Fibeln oder zumindest Teile davon. Eindeutig anzusprechen sind vier Schlangenfibeln (Abb. 51, 15, 16, 17, 19), von denen zwei einen mit

Koralle eingelegten Fußknopf haben – eine immerhin recht aufwendige Verzierung. Auch bei einer großen getriebenen Kahnfibel (Abb. 51, 21) ist der aufgesetzte, gegossene und auf der Drehbank profilierte Fußknopf hohl gearbeitet und enthielt ursprünglich wohl einen Korallenstift. Sicherlich nicht einheimisch ist eine bandförmige Fibel mit kleinen seitlichen Knöpfen (Abb. 51, 18). Sie dürfte aus dem Südosten importiert worden sein, ebenso ein außerordentlich sorgfältig gearbeiteter, schwer gegossener Fibelfuß einer Form, die vor allem in Oberitalien üblich ist (Abb. 51, 16). Auch zwei weitere Bruchstücke stammen von Fibeln. Verbogene oder abgebrochene Bronzenadeln oder auch Drahtstücke liegen in großer Anzahl vor (Abb. 89), außerdem ein zerbrochener bandförmiger Armring. Insgesamt handelt es sich um recht kleine Stücke, wohl der übriggebliebene Abfall, während größere, ergiebigere Stücke als erste eingeschmolzen wurden. Natürlich kann man über die ursprünglich vorhandene, verarbeitete Bronzemenge keinerlei Angaben machen, doch hat man bei der Menge des Abfalls durchaus den Eindruck, daß recht viel Material eingeschmolzen wurde.

Um Abfall im eigentlichen Sinn handelt es sich bei einigen weiteren Stücken. Besonders interessant ist hier ein noch 1,7 cm großes Bernsteinstück, das rundliche Abarbeitungsspuren aufweist (Abb. 23), sowie ein weiteres, hier nicht abgebildetes Stück. Die einzigen Bernsteinfunde im Grab sind die fünf profilierten Perlen, die der Tote am Hals trug (Taf. 19). Es wäre noch zu untersuchen, ob es sich um identischen Bernstein handelt, doch scheint auch so recht sicher zu sein, daß der Bernsteinabfall von der Herstellung dieser Perlen stammt. Bernstein wurde in der Hallstattkultur vor allem als Halsschmuck gern verwendet, doch fehlen selbst im Material der Heuneburg bisher Belege für seine Verarbeitung. Ein noch 10,1 cm langer Knochenschieber (Abb. 51, 25) hat eine bereits sehr sorgfältig geglättete Oberfläche, doch ist ein Ende beim seitlichen Durchbohren abgebrochen, so daß man die übrigen Bohrungen nicht mehr ausgeführt und das Stück nicht weiter verwendet hat. Entsprechende Knochenschieber besitzt das schön geschnitzte Gehänge des Trinkhorns (Abb. 66). Diese Schieber dienten normalerweise zum Fassen der Fäden von Kolliers, auf die Koralle, Bernstein oder Gagat aufgefädelt waren. Zwei Abfallstücke aus Hirschgeweih belegen ebenfalls die Verarbeitung entsprechender Materialien.

Wir können also beweisen, daß neben dem Hügel von Hochdorf Gegenstände aus Gold, Bronze, Eisen, Bernstein und Knochen hergestellt wurden, Gegenstände, die mit größter Wahrscheinlichkeit für die Ausstattung des Grabes bestimmt waren. Neben der Tatsache, daß Teile der Beigaben eigens für die Bestattung hergestellt wurden, ist die Beobachtung doch sehr überraschend, daß man dies nicht etwa in der Burg des Fürsten auf dem Hohenasperg tat, wo es ja sicherlich entsprechende Werkstätten gab, sondern die Handwerker an das zukünftige Grabmonument holte. Dies wäre ein Hinweis auf ihre Mobilität etwa im Sinne von Wanderhandwerkern, die von Ort zu Ort zogen, um dort Gegenstände herzustellen und zu verkaufen, deren Produktion spezielle Kenntnisse und Fähigkeiten erforderte.

Doch kehren wir nach diesen Betrachtungen zu unseren Goldfunden selbst zurück. Wir haben schon ausgeführt, daß es sich bei den meisten von ihnen um Einzelstücke handelt, zu denen es nördlich der Alpen keine Vergleiche gibt. Reiche Goldausstattungen kennen wir dagegen aus Etrurien, und auch in Oberitalien gibt es beispielsweise Fibeln aus Silber und Gold. Die Ausschmückung des Hochdorfer Kelten dürfte auf Einflüsse oder Anregungen aus diesem Gebiet zurückgehen. Auch die große Bronzekline oder etwa gewisse Textilmuster weisen Einflüsse aus Etrurien und dem östlichen Oberitalien auf. Wegen der starken Beraubung der Zentralkammern in den großen Fürstengrabhügeln ist keine Aussage darüber möglich, ob es sich bei dem so reichen Hochdorfer Grabschmuck um einen Einzelfall oder aber um die Regel handelt, denn Gold wurde natürlich zuallererst gestohlen. Goldbrokat und eine (sekundär?) mit Goldblech plattierte Fibel im Grafenbühl lassen jedoch vermuten, daß auch dieses Grab ursprünglich üppig mit Goldgegenständen ausgestattet gewesen ist.

Schwierig zu beurteilen ist natürlich der Sinngehalt einer solchen Goldausstattung. Wäre sie lediglich für die Ausschmückung des Toten bei seiner Aufbahrung und Bestattung gedacht gewesen, hätte man auf die Herstellung der Gegenstände wohl kaum soviel Sorgfalt verwandt und sicherlich auch Material gespart – was durchaus möglich gewesen wäre. Gründe ritueller oder zeremonieller Art waren sicherlich ausschlaggebend, doch bleiben sie uns verborgen.

Der Nachweis, daß die Hochdorfer Goldfunde zum größten Teil aus derselben Werkstatt stammen, mit denselben Werkzeugen hergestellt wurden, läßt nun zwar nicht den zwingenden Schluß zu, daß dies durch einen einzigen Goldschmied geschah, doch ist dies natürlich sehr wahrscheinlich. Betrachtet man dagegen die Gegenstände selbst, so ist erstaunlich, welch unterschiedliche Stilelemente hier vertreten sind, Stilelemente, die man in der Archäologie üblicherweise auf verschiedene Werkstätten zurückführen würde. So sind etwa die Schuhbleche mit den herkömmlichen Mustern versehen – großflächigen geometrischen Elementen, die wir auch von anderen Gegenständen kennen. Ganz anders und viel feiner ist dagegen das Blech des Dolches verziert – ähnlich dem Gürtelblech, auf dessen großer Fläche geometrische Muster durchaus möglich gewesen wären. Und wieder anders ist der verhältnismäßig grob gearbeitete Armring geschmückt. Bei der Zuweisung so exzeptioneller Stücke zu Werkstätten oder Werkstattkreisen scheint deshalb größte Vorsicht geboten zu sein.

Angaben über den Wert des Goldes zur damaligen Zeit sind kaum möglich, doch war es sicher außerordentlich kostbar, da es nicht im Lande selbst gewonnen werden konnte, sondern importiert werden mußte. Das Gesamtgewicht des Goldes im Grab von Hochdorf läßt sich leider nicht genau angeben, da einzelne Goldbleche untrennbar mit anderem Material verbunden sind, doch liegt es deutlich über 600 Gramm. Mit Ausnahme der 910 Gramm schweren Goldschale von Zürich ist das Hochdorfer Gold der reichste Goldfund, den wir aus der Hallstattkultur kennen. Beim heutigen Goldpreis würde es sich zwar um einen Betrag handeln, der kaum ins Gewicht fällt, doch waren die Verhältnisse im Altertum ganz anders. Die goldene Grabausstattung von Hochdorf läßt natürlich auch Rückschlüsse auf den Reichtum und die Macht des Keltenfürsten und seiner Nachfolger zu.

Die Totenliege

Der tote Keltenfürst von Hochdorf war mit seiner persönlichen Habe und seinem goldenen Totenschmuck auf einem 2,75 m langen Bronzemöbel aufgebahrt, das sicherlich das interessanteste und wertvollste Fundstück des Grabes ist. Bei der Freilegung fiel dieser große Bronzegegenstand natürlich als erster auf – er war jedoch so stark verbogen, daß seine Form erst nach der vollständigen Aufdeckung zu erkennen war (Abb. 52). So hielt ich ihn eine Zeitlang für einen wannenförmigen Sarg, und erst als die Tragekonstruktion mit den acht Bronzefiguren sichtbar wurde, war deutlich, daß es sich um eine Liege, eine Bronzekline, handelte. Dieser so fremde, überraschende Fund machte schon zu einem recht frühen Zeitpunkt der Freilegung die Bedeutung des ganzen Grabensembles klar – noch ehe die zahlreichen Goldfunde zum Vorschein kamen. Die Bergung der Kline bereitete eigentlich keine besonderen Probleme – die ausschwingenden Seitenteile waren stark nach außen gedrückt und konnten entfernt werden –, doch lag auf der Kline außer dem Skelett mit seinen Beigaben eine etwa 5–10 cm dicke Schicht aus dunklem, bräunlichem bis schwarzem Material, das schon durch bloßen Augenschein als Lagen von Textil, Fell und Leder erkannt werden konnte. Diese feinen, fast völlig zersetzten Materialien vor Ort zu bergen, erschien unmöglich. Da sie teilweise auch das Skelett bedeckten, wurde dieses kaum freigelegt, und auch die meisten Funde blieben in ihrer originalen Lage. Lediglich der hochliegende und teilweise von der Kline heruntergerutschte Dolch sowie die beiden goldenen Fibeln wurden entnommen. Die Sitzfläche mit der an-

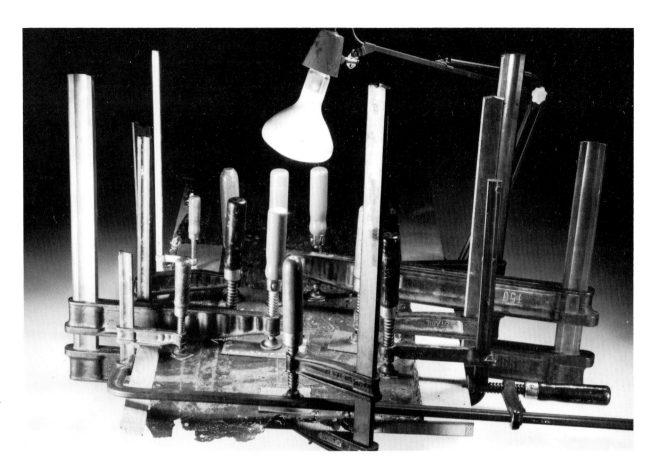

Abb. 53. Die Restaurierung der Totenliege. Die verbogenen Bleche werden unter Erwärmung mit Schraubzwingen in ihre alte Form zurückgebogen.

hängenden und auf sie heruntergedrückten Rückenlehne sollte en bloc durch Eingipsen gesichert und gehoben werden. Hierzu war es notwendig, Hohlräume für den Transport auszufüllen, um Scheuerbewegungen oder Zerstörungen durch Gegeneinanderreiben von Materialien zu vermeiden. Diese Hohlräume wurden deshalb mit kleinen Styroporkugeln gefüllt, was sich im nachhinein allerdings als Fehler herausstellte, denn es war außerordentlich schwierig, sie wieder zu entfernen. Sie saßen in allen Ritzen und Löchern, und besonders beim Fotografieren waren die weißen Kügelchen außerordentlich störend. Auf die Freilegung, Bergung und Beschreibung dieser organischen Reste, bei denen es sich vor allem um die aufwendige und sorgfältige Polsterung der Kline handelte, wollen wir noch zurückkommen, uns aber zunächst der Kline selbst zuwenden. Ihre Form war im Groben schon bei der Ausgrabung klar, lediglich die Neigung der leicht nach außen schwingenden Seitenteile und einige technische Fragen waren offen. Doch stellte sich die Restaurierung dieses stark fragmentierten, außerordentlich großen Gegenstandes als sehr langwierig heraus. Die verbogenen Bleche wurden unter Erwärmung langsam mit Schraubzwingen in ihre alte Form zurückgepreßt (Abb. 53), und trotz zahlloser Klebestellen war es schließlich möglich, die Rückenlehne ohne störende Stützkonstruktionen wiederherzustellen. Auch auf eine Laminierung konnte weitgehend verzichtet werden, so daß ihre Ornamente nun von beiden Seiten zu sehen sind. Die Bleche der Sitzfläche waren stark oxydiert und teilweise auch schon durchgefressen – dies war besonders im Bereich des Skeletts der Fall, wahrscheinlich hervorgerufen durch aggressive Leichenwässer und Fäulnisprodukte. Deshalb wurde die Sitzfläche in eine Stahlwanne gestellt, um für den gesamten Fundgegenstand eine geeignete Aufhängevorrichtung zu haben. Die Eisenstreben der Substruktion waren allerdings teilweise so stark verzogen, daß darauf verzichtet wurde, sie im Original anzubringen. Diese Substruktion ist deshalb in großen Teilen

◁ Abb. 52. Die Totenliege in Fundlage.

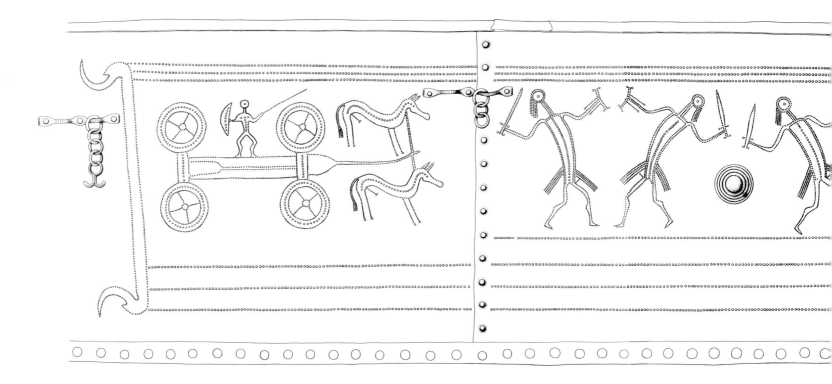

Abb. 54. Szenische Darstellung auf der Rückenlehne der Totenliege. Umzeichnung.

rekonstruiert worden. Die hervorragend restaurierte Kline läßt kaum die Arbeit erkennen, die hierzu notwendig war (Taf. 26/27).

Das 2,75 m lange Möbelstück ist aus sechs unterschiedlich breiten Blechbahnen zusammengenietet. Die breiten Nietköpfe sind auf der Außenseite sehr sorgfältig flach gehämmert, während sie innen, besonders an der Kante zwischen Rückenlehne und Sitzfläche, herausstehen. Es war also offensichtlich schon von Anfang an vorgesehen, sie mit einem Polster zu überdecken. Die Vorderkanten der einzelnen Bleche sind umgerollt und zur Stabilisierung des ganzen um einen Eisenstab geschlagen. Diese Technik ist vor allem an den umgebördelten Rändern von Bronzeblechgefäßen zu beobachten und wurde wohl von ihnen übernommen. Die Bleche selbst wurden durch Aushämmern mit einem länglichen Treibhammer hergestellt, dessen Spuren im Schräglicht deutlich zu erkennen sind. Die Sitzfläche und die Rückenlehne sind durch einen kräftigen genieteten Falz miteinander verbunden.

Die Rückenlehne ist mit einer szenischen Darstellung verziert, die von innen nach außen eingepunzt wurde (Taf. 25). Auch auf einigen Nietköpfen findet sich Punzierung, die erst nach der Montage zumindest der Rückenlehne angebracht worden sein kann. Die szenische Darstellung ist oben von drei, unten von vier Horizontallinien aus Perlbuckeln eingefaßt, die allerdings sehr unregelmäßig ausgeführt sind – beispielsweise hat man in dem von außen gesehen linken äußersten Feld die vierte Linie nicht durchgezogen, so daß hier die Wagendarstellung im freien Raum schwebt, während sie im rechten äußeren Feld den gesamten zur Verfügung stehenden Raum einnimmt (Abb. 54). Die Horizontalreihen werden seitlich durch senkrecht gestellte Vogelbarken abgeschlossen. Es sind Schiffe, deren beide Seiten durch stark stilisierte Vogelköpfe gebildet werden, ein kultisch außerordentlich bedeutsames Motiv, das schon während der späten Bronzezeit von Italien bis Nordeuropa verbreitet war und auf unserem Stück etwas altertümlich wirkt.

In das auf diese Weise eingegrenzte 198,5 cm lange und 21,5 bzw. 24,5 cm hohe Feld wurden nun die Figuren eingepunzt, die aus Reihen von Perlbuckeln unterschiedlicher Größe gearbeitet sind. Offenbar hatte der Künstler Vorzeichnungen, denn die einzelnen Darstellungen entsprechen einander in ihren Maßen völlig und weichen nur in Details der Linienführung voneinander ab. Während die grobe Einteilung für die Anordnung durch feine Ritzlinien angegeben ist, wurden die Figuren wohl mit Kohle oder anderem Mate-

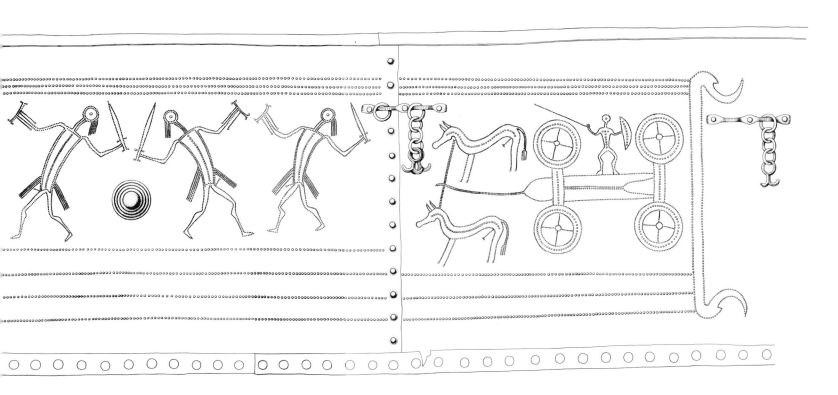

rial auf die Bleche gepaust und dann erst ausgeführt. An beiden Enden der Darstellung ist jeweils ein vierrädriger Wagen gezeigt, der von zwei Hengsten gezogen und einem Mann mit Schild und Speer gelenkt wird (Abb. 54 und Taf. 25). Die beiden gegeneinander fahrenden Gruppen sind in einer primitiven Perspektive dargestellt, die den Wagenkasten von oben, die Räder und die Figuren von der Seite zeigt. Sehr charakteristisch ist, daß feine Perlbuckelreihen eine kräftigere Buckelreihe einfassen. Der Wagen scheint recht einfach und ähnlich dem im Hochdorfer Grab gefundenen zu sein. Die Räder haben breite Felgen, die Nabe ist durch einen kleinen Kreis angedeutet. Die vier Speichen entsprechen wohl nicht dem Vorbild, denn solche Räder sind technisch nicht möglich. Die geringe Speichenzahl ergibt sich wohl aus der doch recht groben Darstellungsform durch Perlbuckelreihen, die eine Feinzeichnung nicht zuließ und sich auf das Wesentliche beschränken mußte, wie man es auch an dem auf dem Wagen stehenden Mann ganz deutlich erkennen kann. Die Räder sitzen, wie bei allen Darstellungen üblich, direkt an beiden Enden des Wagenkastens, der sehr schmal und einfach wirkt. Jedenfalls hat er weder Aufbauten noch sonstige Zier- oder Konstruktionselemente. Ein breiter gegabelter

Wagenbaum oder eine Langfuhr, die Vorder- und Hinterachse zusammenhält, ist jedoch deutlich zu erkennen, ebenso der gegabelte Ansatz der langen Deichsel mit leicht aufgebogener Spitze. An sie sind mit einem Doppeljoch, wie es auch im Hochdorfer Grab lag, zwei Hengste angeschirrt, deren Zaumzeug und Zügel allerdings nicht abgebildet wurden. Die Tiere haben nach vorn aufgestellte Ohren, ihre Beine sind als einfache Linien dargestellt, die in einer größeren Punze enden, die lang herabhängenden Schwänze sind im unteren Drittel buschig geflochten. Auch bei der Darstellung des auf dem Wagen stehenden Mannes hat man sich auf das Wesentliche beschränkt. Im Vergleich zum Wagen ist er viel zu klein geraten. Die Darstellung zeigt ihn von vorn mit geschwungenen Beinen und unnatürlich lang ausgezogenem Hals, auf den der Kopf nur als Kreis mit Mittelbuckel gesetzt ist. In der einen Hand trägt er einen seitlich abgebildeten Schild, in der anderen eine Lanze oder einen Pferdestachel. Diese Wagenfahrt wirkt trotz ihrer perspektivischen Mängel recht gekonnt, vor allem, weil sich der Künstler auf das Wesentliche beschränkte bzw. es betonte. Eine zu detaillierte Darstellung wäre bei den zur Verfügung stehenden technischen Mitteln nur verwirrend gewesen.

Abb. 55. Kettchen von der Außenseite der Totenliege.

Zwischen die beiden Wagenfahrten sind nun drei Figurengruppen gestellt, die aus jeweils zwei einander gegenüberstehenden Schwerttänzern bestehen und durch große getriebene Ringbuckel voneinander getrennt sind, wie sie auch auf den Seitenteilen wieder benutzt wurden. Die 19 cm hohen Figuren werden wieder durch einfache Perlbuckelreihen gebildet, die im Körper eine kräftigere Buckelreihe einfassen (Taf. 28). Bei den Personen handelt es sich um Männer mit erigiertem Phallus, eine Darstellung, wie sie vor allem bei den Totenstelen häufiger zu beobachten ist. Der Hals der Figuren ist, wohl um die lang herunterhängenden Haare zeigen zu können, unnatürlich verlängert worden. Auch hier ist der Kopf nur als Kreis mit Mittelpunze gestaltet. Körper und Köpfe der Tänzer sind nach hinten geschwungen, die Beine im Tanzschritt gestellt, wobei der Standfuß leicht aufgesetzt ist. Die Waden sind deutlich betont, und die sonst wohl unbekleideten Männer tragen beidseitig lang herunterhängende Gürtelenden oder ein Röckchen. Sie halten in der hinteren, jeweils rechten oder linken Hand ein Schwert mit weidenblattförmiger Klinge, deutlich abgebildeter Parierstange und Heftabschluß, in der anderen Hand einen länglichen Gegenstand mit beidseitig betonten Enden, der mit einer langen Stulpe über den Unterarm reicht. Nach der ganzen Art der Darstellung ist hier wohl eher ein Tanz als ein Kampf aufgezeichnet.

Abb. 56. Abnutzungsspuren an der Innenseite der Kettenglieder.

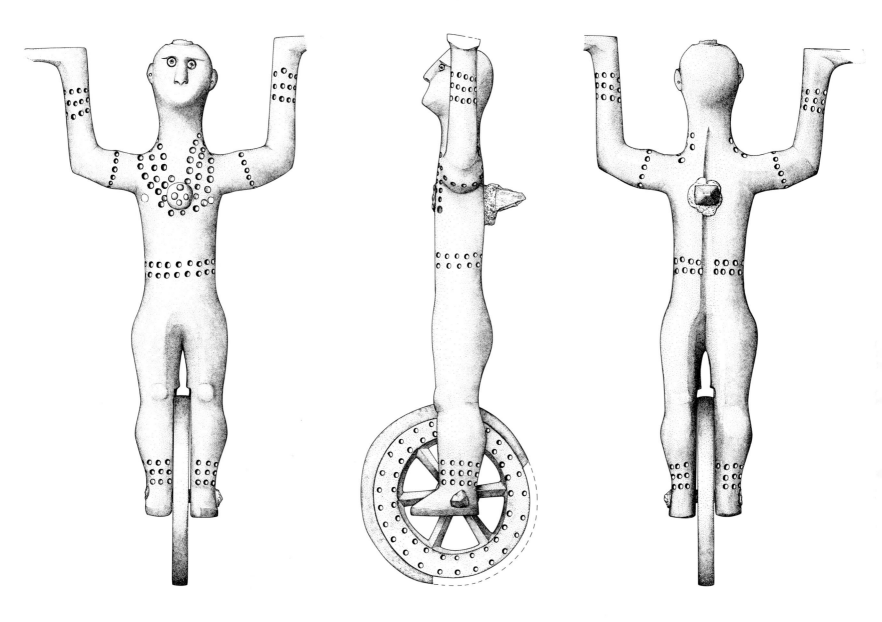

Abb. 57. Eine Tragefigur von der Rückseite der Totenliege. Höhe 32 cm.

An der Rückenlehne sind außen vier Attaschen angenietet, die ursprünglich je zwei Kettchen mit ankerförmigen Enden (Abb. 55 und 56) trugen, wie sie auch in die beiden seitlichen Griffe eingehängt sind. Solche Anhänger sind vor allem aus Oberitalien bekannt und finden sich oft an den Griffen von Bronzegefäßen. Wenn sie an unserer Kline nicht nur Schmuckfunktion hatten, sollten sie wohl die Polsterung oben an der Rückenlehne halten. Es ist nun außerordentlich aufschlußreich, daß einige der Kettchen fehlen, beschädigt sind oder zumindest starke Gebrauchsspuren aufweisen: Die Kline war also längere Zeit in Gebrauch.

Sie hatte auch noch andere Defekte, denn einige Eisenstangen ihres Unterbaus waren ebenfalls nicht in das Grab gekommen.

Die Sitz- bzw. Liegefläche wird von acht gegossenen Frauenfiguren getragen, die sie auf hochgestreckten Armen und nach außen gestellten Handflächen halten. Diese Figuren sind unterschiedlich hoch: Die an der Vorderseite mit 35 cm Höhe tragen einen kugelförmigen Aufsatz zwischen zwei Scheiben, und ihre Unterarme sind unnatürlich lang ausgezogen (Taf. 29). Die Figuren der Rückseite sind 3 cm kürzer (Abb. 57 und Taf. 30), so daß sich aus dieser Höhendifferenz eine

97

leichte Neigung der Sitz- bzw. Liegefläche nach hinten ergibt.

Bei den Figuren handelt es sich zweifellos um Frauen, denn alle hatten ursprünglich eingestiftete knopfartige Brüste (Taf. 29), von denen allerdings etliche schon vor der Grablege ausgefallen sind. Mitgegossene kleine Vertiefungen, die mit Korallenstiften gefüllt sind, stellen den Schmuck der Frauen dar: Unterarmbänder, ein Oberarmband, ein Brustgehänge, Gürtel und Knöchelbänder. Bei einigen Figuren sind auch die einzelnen Zehen vorhanden. Sehr sorgfältig wurden die Augen gearbeitet – ein oben schwarzgefärbter Bronzestift markiert die Pupille in der hellen Koralle der Augenfüllung. Die durchbohrten Ohren tragen eiserne Ohrringe, von denen sich allerdings nur noch geringe Oxydreste erhalten haben. Auch die Nasenlöcher sind vorhanden, während bei nur drei Figuren der Mund nachträglich eingefeilt wurde (Taf. 31). Die Frauen stehen auf sechsspeichigen Rädchen, die sie wie Zirkusartisten zwischen den Beinen halten. Sie sind mit einem Eisenreif beschlagen und werden durch kleine Achsen festgehalten. Das gesamte Möbelstück konnte also in der Breitrichtung gerollt werden. Die Figuren sind untereinander und mit der Sitzfläche der Kline durch Eisenstäbe verbunden, die dem Ganzen Stabilität und Halt geben. Eine Strebe verläuft in Längsrichtung. Sie setzt an der Eisenachse der Rädchen an, wo noch eine zweite mit Eisenlaschen befestigt ist, die quer unter der Sitzfläche hindurch zur gegenüberliegenden Frauenfigur verläuft. Eine weitere Strebe führt durch die Brust der Figuren und ist unter der Sitzfläche festgenietet. Wie bereits erwähnt, waren einige dieser Streben schon bei der Grablege nicht mehr vorhanden – eine der verschiedenen Gebrauchs- bzw. Beschädigungsspuren, die belegen, daß die Kline benutzt worden war, bevor sie in das Grab kam.

Dieses riesige Fundstück aus Bronze – einzigartig und überraschend – eröffnet zahlreiche neue, unverhoffte Aspekte, stellt aber auch Fragen, die zunächst unbeantwortet bleiben müssen. Schon für die Form dieses Möbels gibt es weder im Bereich der Hallstattkultur noch in Italien oder Griechenland Vergleiche, und auch zu einzelnen Details kann man kaum Entsprechungen beibringen, doch lassen sich andererseits wieder genug Verbindungen nachweisen, um dieses Fundstück einzuordnen.

Klinen kennen wir aus dem Mittelmeergebiet sowohl als tatsächlich vorhandene Fundstücke als auch aus bildlichen Darstellungen in ausreichender Zahl. Es sind Möbelstücke ohne Rücken-, aber mit einer Seitenlehne, auf die der Oberkörper gelegt wurde. Diese Form wurde von der Renaissance und später vor allem vom Empire-Stil als Kanapee wiederaufgenommen – man denke etwa an das Bildnis der Madame Récamier von Jacques Louis David. In antiken Darstellungen wird sie vor allem im Zusammenhang mit dem Totenbrauchtum und als Bestandteil von Gelagen abgebildet: Der Verstorbene wird als Lebender auf einer Kline gelagert dargestellt, so wie auch die Zecher auf diesem Möbelstück liegen. Mit diesen Möbeln hat unseres nichts gemein. Dagegen gibt es einige Blechthrone, die Vergleichsmöglichkeiten bieten. Namentlich in Chiusi wurden die Aschenurnen oder Kanopen auf Träger aus Ton, Blech oder auch Stein gestellt, die wie unser Möbelstück ausschwingende Seitenteile ha-

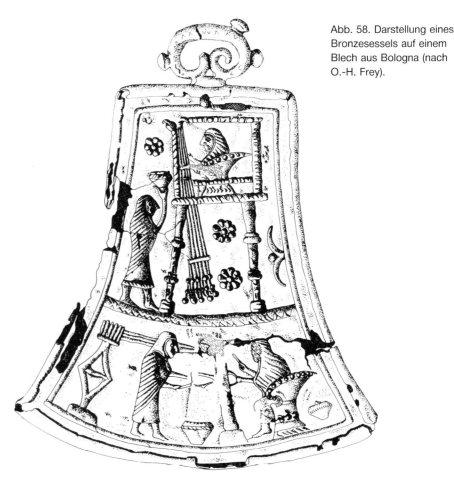

Abb. 58. Darstellung eines Bronzesessels auf einem Blech aus Bologna (nach O.-H. Frey).

Abb. 59. Darstellung eines Sitzmöbels auf der Situla Certosa von Bologna (nach A. Zannoni).

ben. Allerdings handelt es sich um sesselartige Möbel, nicht um Liegen. Verschiedene Darstellungen aus Oberitalien zeigen auch Personen auf solchen Blechsesseln sitzend: Besonders anschaulich ist die Darstellung einer Spinn- und Webszene aus der Tomba degli ori in Bologna, die einen solchen Sessel aus Bronze mit ausschwingenden Rücken- und Seitenteilen enthält (Abb. 58). Immerhin belegt sie, daß solche Möbel schon im späten 7. Jahrhundert v. Chr. in Gebrauch waren. Ein 1,5 m hoher Blechthron aus der Tomba Barberini in Praeneste ist heute in der Villa Giulia in Rom ausgestellt. Er hat mit unserem Stück besonders in der Machart große Ähnlichkeiten, ist aber in Aufwand und Herstellungsqualität insgesamt mit der Hochdorfer Kline kaum zu vergleichen, obwohl er aus einem berühmten und reichen Grab stammt. Das einzige Möbelstück, das dem Hochdorfer in einigen Aspekten entspricht, ist auf der sogenannten Situla Certosa von Bologna abgebildet (Abb. 59). Hier sitzen zwei Musikanten auf einer Bank mit profilierten Füßen und verzierter Rückenlehne, die Seitenpartien sind allerdings als schlingende Tiere ausgebildet. Die sicherlich stark von Mythen geprägte Darstellung zeigt jedoch, daß man auf diesen großen Möbelstücken auch zu sitzen pflegte. Allerdings kennen wir weder aus den reichen Gräbern Etruriens noch aus denen Oberitaliens Funde, die mit der Hochdorfer Kline direkt verglichen werden könnten.

Die ostalpin-oberitalische Situlenkunst hat uns eine reiche Bildfülle verschiedenster Art geschenkt, so daß es nicht schwerfällt, festzustellen, daß die Szenen der Hochdorfer Kline sowohl in der Bildauswahl als auch in der Ausführung völlig andersartig sind. Die Darstellung von Figuren, vor allem der Vogel-Sonnenbarken-Motive, durch feine Perlbuckelreihen, zwischen die größere Buckel gestellt sind, ist besonders am Ende der Spätbronzezeit bzw. der Urnenfelderzeit üblich und wird dann auch auf den ältesten Werken der Situlenkunst übernommen. Bei diesen Stücken, wie etwa den Blechgefäßen von Klein-Glein in der Steiermark oder denen aus Sesto Calende am Lago Maggiore, werden Motive verwendet, die in der eigentlichen Situlenkunst nicht mehr geläufig sind. So finden wir auf dem letztgenannten Beispiel auch die einzigen Schwertträger. Sie sind allerdings sehr viel schlichter als die Hochdorfer Tänzer, die mit ihren langen

Haaren und Gürtelbändern völlig exotisch wirken. Zu ihnen ist mir nichts Vergleichbares bekannt geworden, was für ihre Eigenständigkeit spricht. Daß sie Schwerter tragen, ist völlig klar, doch sollte man vielleicht an Details ihrer Form nicht allzusehr festhalten. Jedenfalls sind Schwerter zur Zeit des Hochdorfer Grabes zumindest im Grabbrauch ungewöhnlich, vorherrschend sind der Dolch und die Lanze.

Dagegen sind Wagenbildnisse in einiger Zahl bekannt, etwa von der oft erwähnten Urne von Sopron-Ödenburg in Nordwestungarn oder auf Felszeichnungen der Val Camonica in Norditalien, die allerdings weniger detailliert, aber in ganz ähnlicher Form ausgeführt sind. Daß der Wagen in der Hallstattkultur als Zeichen eines besonderen Standes große Bedeutung hatte, legen schon die zahlreichen Wagengräber nahe. Über die Art dieser Bedeutung – ob Zeremonien-, Richterwagen oder anderes – läßt sich eigentlich nur spekulieren. Es läge natürlich nahe, bei der szenischen Darstellung von Hochdorf an Bestattungsfeierlichkeiten zu denken – mit Wagenfahrten und Schwertkämpfen oder -tänzen, bei denen die Trauernden die Haare lösen, ähnlich den in der »Ilias« geschilderten Totenfeiern für Patroklos. Doch zeigen die Gebrauchsspuren, daß die Kline kein Totenmöbel war, sondern tatsächlich auch benutzt wurde.

In der Tradition der frühen Darstellungen mit Perlbuckelreihen steht auch eine kleine Bronzesitula, die 1846 in Trezzo d'Adda nördlich von Mailand gefunden wurde. Sie diente als Aschenurne und enthielt noch weitere Bronzegefäße, Schmuck und ein Eisenbeil. Zu ihrer Verzierung sind wie bei der Hochdorfer Kline durch Perlbuckelreihen Zonen geschaffen, in die einfache Tiere gestellt sind – in diesem Fall Hirsche und Hunde (Abb. 60). Ihre Außenlinien bestehen aus feinen Perlbuckelreihen, während die Körper mit einer größeren Buckelreihe gefüllt sind. Darüber sind große getriebene Ringbuckel gestellt. Die Darstellungen der Situla von Trezzo entsprechen in allen Details denen der Pferde der Hochdorfer Kline – die weit nach oben gezogene Hinterhand oder die einfache Darstellung der Beine, die auch hier mit einer etwas größeren Punze endet. Man möchte fast glauben, daß beide Stücke vom gleichen Blechschmied hergestellt wurden. Doch welcher Unterschied besteht allein in der Größe zwischen dieser nur 25 cm hohen Situla und unserem Möbelstück!

Abb. 60. Verzierung auf einem Bronzegefäß von Trezzo bei Mailand (nach R. de Marinis).

Vergeblich werden wir auch zu den acht Frauenfiguren Vergleiche suchen. Sie sind in verlorener Form individuell über einen Sandkern gegossen, wobei keinerlei Gußfehler zu beobachten ist – ihre Herstellung wurde technisch perfekt durchgeführt. Die bisher unternommenen Metallanalysen lassen keine besonderen Schlüsse auf die Herkunft der Bronze zu. Daß Kessel, Räuchergefäße oder auch Blechkästen auf Räder gestellt werden, kennen wir vor allem aus Etrurien, doch sind diese Gegenstände sehr viel kleiner und hatten auch nicht die Funktion unserer Kline. Bronzefiguren gibt es in Etrurien und Oberitalien ebenfalls in großer Zahl, doch erreichen sie kaum die Qualität unserer Stücke. Einigermaßen Vergleichbares finden wir erst wieder in Tirol und vor allem in der Steiermark. Die Figuren des bekannten Kultwagens von Strettweg (Abb. 61) sind zwar etwas anders, können aber in ihrer primitiven Eindringlichkeit doch recht gut mit denen von Hochdorf verglichen werden. Zwei kleine Votivfigürchen von der Parzinspitze (Abb. 62) und aus dem Pustertal (Abb. 63) in Tirol zeigen ebenfalls recht gute Entsprechungen. Es handelt sich um Adoranten mit Armringen und Brustschmuck, die allerdings nur knapp 8 cm hoch und in Flachguß hergestellt sind. Wir können also zur Kline von Hochdorf keine direk-

Abb. 61. Bronzefiguren auf dem Kultwagen von Strettweg in der Steiermark.

Abb. 62. Bronzefigur von der Parzinspitze in Tirol (nach G. v. Merhart).

Abb. 63. Bronzefigur aus dem Pustertal (nach G. v. Merhart).

ten Vergleiche beibringen, obwohl wir wissen, daß in Oberitalien Sessel und Bänke aus Blech hergestellt wurden und in Gebrauch waren. Auch andere Details weisen in diese Richtung. Doch ist das Hochdorfer Stück so eigenständig, daß sein Ursprung möglicherweise eher in Südwestdeutschland anzunehmen ist. Sicherlich war es nicht die unabhängige Erfindung eines frühen Kelten, sondern der Blechschmied hat Anregungen aus dem Südosten aufgenommen, sie dann aber in eine neue Form gebracht. Vielleicht stammte er sogar aus diesem Gebiet. Daß die technischen Möglichkeiten für solche voluminösen Treib- und Gießarbeiten im Bereich der Hallstattkultur vorhanden waren, zeigt vor allem der Nachguß des großgriechischen Löwenvorbildes auf dem Hochdorfer Kessel, der technisch sehr viel brillanter ausgeführt wurde als seine klassischen Vorbilder (s. S. 89). Wir haben schon darauf hingewiesen, daß die Hochdorfer Kline im Grab-

101

zusammenhang etwas altertümlich wirkt und vor der Grablege einige Zeit in Gebrauch war. Sie muß also im Leben des Fürsten einen Platz gehabt haben. Wenn sie nicht ausschließlich kultischen oder zeremoniellen Zwecken diente – wofür die Rädchen unter den Figuren sprechen –, dann wohl am ehesten als Möbel bei Festgelagen. Das würde bedeuten, daß die Kline zu dem für neun Personen bestimmten Speise- und Trinkservice gehörte, das dem Toten mitgegeben wurde.

Im Grab wurde der Leichnam auf der Kline aufgebahrt, die zuvor mit den verschiedensten Materialien gepolstert worden war; den Kopf des Toten bettete man auf ein eigens für diesen Zweck angefertigtes Kissen aus geflochtenen, halbierten Grashalmen (Abb. 64). Durch das Eindringen der giftigen Kupferoxyde, die von dem großen Bronzemöbel ausgingen, und vor allem dadurch, daß die Rückenlehne beim Einbrechen der westlichen Kammerwand weit auf die Sitzfläche herunterrutschte und diese fast vollständig abdeckte, sind die organischen Materialien dieser Polsterung wenigstens in Resten erhalten geblieben. Ihre Bearbeitung und Bestimmung wurde von Udelgard Körber-Grohne durchgeführt und abgeschlossen. Die wissenschaftliche Auswertung liegt als eigener Band bereits vor, und auch die textilkundliche Bearbeitung durch Hans-Jürgen Hundt steht vor dem Abschluß.

Diese Reste wurden schon während der Grabung erkannt, und es war sofort klar, daß ihre Bergung im Gelände auf keinen Fall in Frage kam. Allerdings war bei ihrer Aufdeckung deutlich zu beobachten, daß sie sich recht schnell zersetzten und teilweise auch durch Austrocknen zu Staub zerfielen. So war es wichtig, sie im Originalverband möglichst schnell in kontrollierbare klimatische Verhältnisse zu bringen – nämlich in die Werkstatt des Württembergischen Landesmuseums in Stuttgart. Hier konnten sie dann unabhängig von der jeweiligen Witterung beobachtet und entsprechend gesichert werden. Durch Besprühen hielt man sie feucht, und um einer weiteren Zersetzung durch Bakterien oder Schimmelpilze entgegenzuwirken, behandelte man sie mit entsprechend giftigen Chemikalien. Trotzdem wurde die Qualität der entnommenen Proben im Laufe der Zeit immer schlechter, weil solche Zerfallsvorgänge, zumal über den Zeitraum eines ganzen Jahres, einfach nicht vollständig zu unterbinden sind. Viele Proben wurden auch bis zu ihrer Bearbeitung bei −30°C in Tiefkühlkammern gesichert.

Abb. 64. Detail des Kissens aus geflochtenen Grashalmen.

Das Zerlegen dieser organischen Auflage nahm etwa ein Jahr in Anspruch. Das ganze Material war von Schimmelpilzen durchsetzt, oft zu Klumpen verbakken, so daß einzelne Schichten nicht getrennt werden konnten. Außerdem waren durch große, von oben eingedrückte Steinblöcke sowie durch das Zerbrechen der bronzenen Auflagefläche Fehlstellen entstanden und größere Partien völlig zerstört worden. Am besten hatte sich die Polsterung im Knick zwischen Rückenlehne und Sitzfläche erhalten, wo sie zwischen dicken Bronzeblechen eingeklemmt war, während sie im vorderen Teil der Sitzfläche weitgehend fehlte. Es gestaltete sich deshalb recht schwierig, die Oberfläche zusammenhängender Lagen freizulegen, zumal durch Verfaltungen zusätzliche Unregelmäßigkeiten entstanden waren. Deshalb erschien es unabdingbar, die Fundsituation minuziös zu dokumentieren. Zu diesem Zweck wurden alle freigelegten Teile im Maßstab 1:1 gezeichnet, fotografiert und beschrieben. Die Abhebung erfolgte in 13 Schichten, so daß nun jede entnommene Probe in ihrer genauen Lage und Abfolge festgelegt und rekonstruiert werden kann. Die Entnahme selbst war eine recht mühevolle und zeitraubende Arbeit, da das Material außerordentlich brüchig und empfindlich war. Mit hauchdünn ausgehämmerten Kupferblechen wurden die einzelnen Schichten vorsichtig voneinander gelöst, entnommen und für den Transport gesichert. Diese Arbeiten waren die Voraussetzung für die weitere wissenschaftliche Auswertung der Funde.

Da schon bald erkannt wurde, daß hier sehr umfangreiche und verschiedenartige Materialien konserviert waren, erschien auch eine entsprechende Bestimmung und Auswertung lohnenswert. Vor allem die biologischen Untersuchungen nahmen einen Umfang an, wie es ihn bislang bei der Untersuchung eines einzelnen Grabes sicherlich noch nicht gegeben hat. Tierhaare und Pflanzenreste waren in einem so desolaten Zustand, daß ihre Oberfläche meist schon verwittert und zersetzt war. Durch Manipulation neuer, heutiger Probensammlungen mußten die Präparate in einen Erhaltungszustand versetzt werden, der dem der zu bestimmenden Proben entsprach. Mit Hilfe moderner optischer Geräte wie Binokularlupe, Mikroskopen mit Polarisationsfiltern und Rasterelektronenmikroskop gelang es schließlich, eine Vielzahl von Materialien eindeutig zu bestimmen. Aufgrund der wissenschaftlichen Vorlage des entsprechenden Belegmaterials können diese Bestimmungen jederzeit überprüft werden, so daß man nun nicht mehr auf einfache, irreversible Gutachten angewiesen ist. Ein umfangreiches Probenmaterial wurde schließlich als Dokumentensammlung konserviert und aufbewahrt. Die sorgfältige Einmessung der entnommenen Proben erlaubte es, den Aufbau der Klinenpolsterung weitgehend zu rekonstruieren. Die auf diese Weise bestimmten Materialien sind außerordentlich ungewöhnlich, handelt es sich doch im wesentlichen um Dachsfelle, Dachshaartextilien und große Stoffbahnen von Hanfbasttextilien. Dazu kamen Textilien aus gewobenem Roßhaar und Felle vom Marder oder Iltis. Die endgültige Rekonstruktion des Totenlagers kann erst nach Abschluß der Textilbearbeitung erfolgen, doch ist bereits klar, daß die Polsterung – auch der Rückenlehne, die im Herabfallen große, lange Bahnen gebildet hat – aus verschiedenen Lagen der genannten organischen Materialien bestand. Sie waren sehr sorgfältig aufgeschichtet – an

einigen Stellen sind sogar exakt gelegte Grashalme zwischen den einzelnen Schichten gefunden worden.

Die als Beispiel ausgewählte Kartierung der Dachsfelle und der Hanfbasttextilien auf der Kline (Abb. 65) zeigt die vielfältige Schichtung dieser Materialien. Sie liegen alle unter dem Skelett. Sehr erstaunlich, überraschend und uns teilweise völlig neu sind die bestimmten Pflanzen und Tierhaare, die für die Herstellung des Totenlagers verwendet worden sind. Zum erstenmal konnte Hanfbast für die Hallstattzeit nachgewiesen werden (Taf. 10c). Er kam aus dem Osten nach Süddeutschland. Die Verarbeitung seines Bastes, also der Rinde, ist bereits sehr gekonnt, die Textilien sind fein gewoben, ja man hat durch verschiedenfarbigen Bast ein breites Streifenmuster erzeugt, das noch klar zu erkennen war (Taf. 10a). Auch das Spinnen von Dachshaaren zu Faden, der dann verwoben werden konnte, ist neu und ungewöhnlich – diese Textilien müssen bestimmte Eigenschaften gehabt haben, die heute nicht mehr offensichtlich sind. Da auch zahlreiche Dachsfelle auf die Kline gelegt waren, hatte dieses Tier sicherlich eine besondere Bedeutung. Eine weitere Beobachtung, die Udelgard Körber-Grohne machen konnte, ist recht aufschlußreich: In den Dachshaaren hatten sich zahlreiche Kletten, Nadeln, Moos und Pflanzensamen festgehakt. Diese Pflanzen sind für bestimmte Standorte typisch und spiegeln die Umwelt und das Verhalten des Dachses wider, der auch in der Nähe menschlicher Siedlungen streift, um seine Äsung zu suchen. In den Dachsfellen hatten sich aber auch Fichtennadeln festgehakt, obwohl die nächsten Fichtenvorkommen in der damaligen Zeit weit entfernt lagen, etwa im Schwäbischen Wald und in der Baar. Die Dachse wurden also nicht nur im Nahbereich von Hochdorf gejagt, sondern in einem viel größeren Gebiet, das wahrscheinlich auch den Herrschaftsbereich unseres Fürsten absteckt. Obwohl solche Beobachtungen kulturhistorisch noch kaum auszuwerten sind, da sie viel zu isoliert stehen, gestatten sie uns doch unverhoffte Einblicke in das tägliche Leben der damaligen Zeit und in die Verschiedenartigkeit der ursprünglich vorhandenen Materialien, von denen in der Regel nur eine ganz beschränkte Auswahl auf uns gekommen ist.

Das Totenlager scheint mit einem buntkarierten Textil abgedeckt gewesen zu sein, dessen farbiges Muster noch deutlich zu erkennen war (Taf. 10b). Auf dem

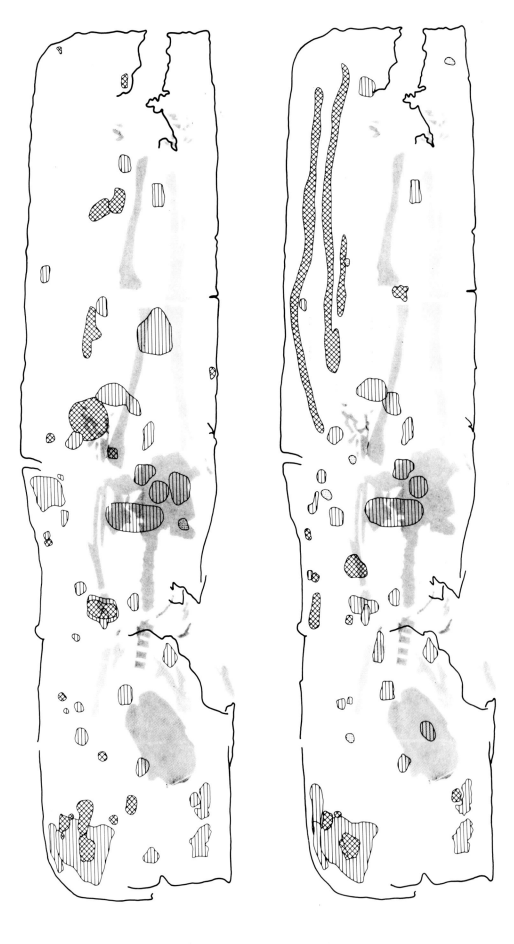

= Schichtzugehörigkeit nicht festzustellen

= mittlere Schichten

= untere Schichten

Abb. 65. Kartierung der Dachsfellproben (links) und der Hanfbasttextilien (rechts) auf der Totenliege (nach U. Körber-Grohne).

Tafel 25 Darstellung einer Wagenfahrt auf der Rückenlehne der Totenliege (Innenseite links).

Tafel 26/27   Die bronzene Totenliege.

Tafel 28 Darstellung eines Schwerttanzes auf der Rückenlehne der Totenliege.

Tafel 29 Tragefigur von der Vorderseite der Totenliege.

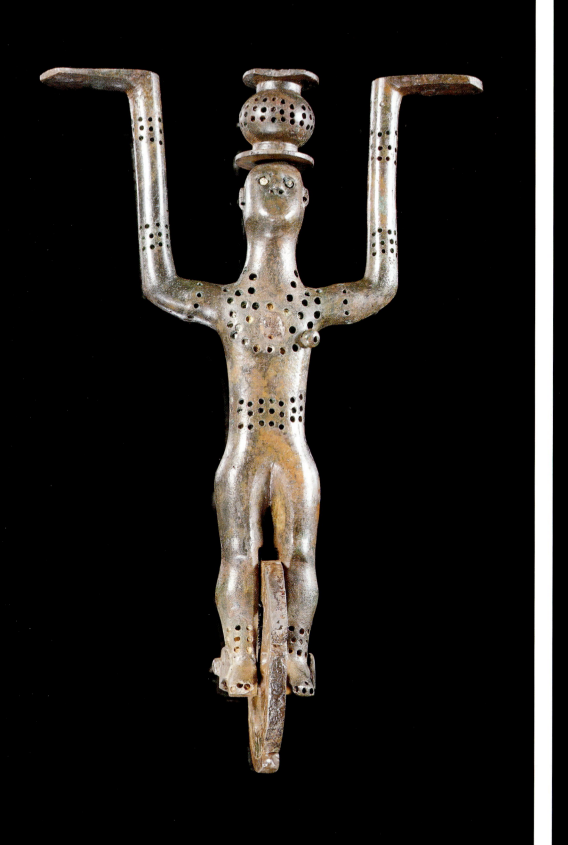

Tafel 30
Tragefigur von der Rückseite der Totenliege.

Tafel 31 Detail einer Tragefigur mit Einlagen aus Koralle.

Toten und vor allem auch unter der Kline hatten sich zahlreiche Reste von Blüten und Blütenpollen erhalten. Sie wurden als Hasel, Witwenblume, Thymian, Rotklee und Wegerich bestimmt. Die Blütezeit dieser Pflanzen liegt im Spätsommer – einer der verschiedenen botanischen Hinweise auf die Jahreszeit der Bestattung.

Sehen wir in der Kline Hinweise auf Anregungen aus Oberitalien und letztlich Etrurien, so scheint auch die Anregung, den Toten auf einem solchen Möbelstück aufzubahren, von dort ausgegangen zu sein. Zwar wurden die italischen Toten meist verbrannt und in Urnen beigesetzt, doch spielt die Kline ab der Mitte des 6. Jahrhunderts im Totenbrauchtum eine Rolle. Die Kanopenträger, Throne, auf die die Aschenurnen gestellt werden, könnten gedanklich mit der Aufbahrung des Hochdorfer Leichnams auf einer Kline verbunden werden – vielleicht eine Form der Heroisierung dieses Toten, für die auch die glänzende Goldausstattung sprechen mag. Bei der Auswertung der Funde des Grafenbühl durch die klassische Archäologie hatte schon Hans V. Herrmann kleine Bernsteinintarsien mit einer Kline aus Holz in Verbindung gebracht. Es sind kleine Bernsteinplättchen, die sich zu Palmetten zusammenfügen lassen, mit denen diese Möbelstücke häufig verziert waren. Solche Plättchen wurden auch in der nur unvollständig ausgegrabenen Zentralkammer des Römerhügels bei Ludwigsburg und im Hügel 1 von Hundersingen bei der Heuneburg gefunden. Zumindest für den Grafenbühl kann seit dem Neufund von Hochdorf mit Sicherheit eine Kline angenommen werden – eine importierte Kline aus Holz, wie sie im Süden üblich war. Damit scheinen diese Möbelstücke aber nicht nur bei der Bestattung, sondern auch im Leben der Fürsten eine Rolle gespielt zu haben. Die südländischen Trinkgeschirre und der Import mittelmeerischen Weins haben sicherlich auch im Hofzeremoniell Veränderungen bewirkt, zu denen Trinkgelage nach südlichem Vorbild und mit südländischer Ausstattung zu rechnen sind. Doch blieb der Import ganzer Möbelausstattungen wohl auf wenige beschränkt. Um so bemerkenswerter ist, daß man in Hochdorf diese südlichen Ideen oder Vorbilder selbst in die Realität umgesetzt hat.

◁ Tafel 32
Das Eisentrinkhorn mit
Goldblechverzierung.

Das Trinkservice

Speisen und Getränke in Tongefäßen waren schon in der älteren Hallstattkultur unerläßliche Grabbeigaben. Die zahllosen Keramikgefäße, die uns aus Gräbern dieser Zeit überliefert sind und heute die süddeutschen Museen füllen, sind kaum als Beigaben im eigentlichen Sinne, sondern als Behältnisse für Beigaben anzusehen. Zwar waren Füllungen von großen Urnen in keinem Fall erhalten bzw. analysierbar, doch fanden sich in ihnen Schöpf- oder Trinkschalen, die sie als Getränkebehälter ausweisen, während auf den Tontellern und -platten in der Regel die Knochen geschlachteter Fleischtiere wie Schwein, Schaf und Ziege lagen. Schon früh hat man solche Service mit einem Totenmahl in Verbindung gebracht, das jedoch archäologisch kaum zweifelsfrei zu belegen ist. So fand man etwa am Fuß eines Hügels in Tübingen-Kilchberg zerschlagenes Tongeschirr. Solche Belege sind jedoch außerordentlich selten und kaum eindeutige Beweise für diesen Totenbrauch – es kann sich ebensogut um eine Ausstattung für das Jenseits oder für die Reise ins Jenseits handeln.

Im Fürstengrab von Hochdorf spielen das Speise- und das Trinkservice eine wichtige Rolle. Neben dem vierrädrigen Wagen sind sie die wichtigsten und charakteristischsten Beigaben. Das Trinkservice ist besonders umfangreich – es besteht aus neun Trinkhörnern, einem großen griechischen Bronzekessel, der auf einem Holzgestell stand, und einer goldenen Trink- oder Schöpfschale.

Entlang der südlichen Kammerwand (Abb. 32) lagen bei der Ausgrabung in verhältnismäßig regelmäßigen Abständen acht Goldbänder und dazu jeweils ein tordierter Bronzehenkel. Rotbraune, lederartige Reste und Bänder aus dünnem Bronzeblech konnten ebenfalls beobachtet werden. In der Südwestecke der Kammer, zu Häupten des Toten, fand sich ein großes Eisenhorn, das mit Goldbändern reich umwickelt und stark zerbrochen war (Taf. 5a). Ein eisernes Griffende mit Stangenfortsätzen konnte diesem Horn bald zugeordnet werden, so daß klar wurde, daß es sich um ein großes Trinkhorn und nicht etwa um ein Musikinstrument handelte. Ein Trinkhorn, zumal in dieser Größe und Form, ist jedoch für ein Hallstattgrab so ungewöhnlich, daß es einige Zeit dauerte, bis auch die übrigen acht Fundkomplexe als Reste von Trinkhörnern identifiziert wurden. Erst als alle Funde geborgen und in Ruhe gesichtet werden konnten, zeigte sich, daß die Henkel aller neun Hörner völlig übereinstimmten, daß die Goldbleche auf konische Mündungen paßten und zumindest zwei der Hörner einen geschnitzten Beinknauf auf der Spitze hatten. Es waren also Teile und Beschläge von Hörnern aus organischem Material, das vollständig vergangen ist. Nun zersetzt sich tierisches Horn sehr schnell – erinnert sei nur an Gartendünger aus Hornmehl, so daß es nicht weiter verwunderlich war, daß sich von den Hörnern selbst nur noch lederartige Spuren erhalten hatten. Allerdings konnten dann bei der Restaurierung eindeutige Hornabdrücke an verschiedenen Metallteilen beobachtet werden. Aus den Durchmessern der goldenen Mündungsbleche, die zwischen 10,5 und 13,5 cm liegen, ergab sich, daß es sich um die Hornscheiden von Auerochsen gehandelt haben muß, denn nur die Hörner dieser Tiere sind so groß, wie mir der Osteologe Mustefa Kokabi versicherte. Dabei ergab sich jedoch eine weitere Schwierigkeit für die Rekonstruktion dieser Hörner, denn der letzte Auerochse oder Ur verendete 1627 in einem polnischen Wildgatter – seitdem sind diese Tiere ausgestorben. Deshalb gelang es mir bisher nicht, eine originale Hornscheide von Auerochsen zu finden, denn die in den Tiergärten von Berlin und München vorgenommenen Rückzüchtungen erschienen für diesen Zweck untauglich. So wurde für die Rekonstruktion der Hornscheide auf die zahlreich vorkommenden knöchernen Hornzapfen zurückgegriffen. Auf einem solchen Zapfen wurde eine fiktive Hornscheide aufgebaut, die dem Original im wesentlichen entsprechen dürfte. Die Hörner sind S-förmig geschwungen und entsprechend ihrem Durchmesser zwischen 65 und 80 cm lang.

Das eiserne Trinkhorn ist seinen Vorbildern aus organischem Material verhältnismäßig genau nachgebildet (Taf. 32). Es besteht aus neun Röhrenabschnitten, die durch einander überlappende Rippen zusammengehalten werden. Dieser Teil ist, an der Außenkante gemessen, 97,5 cm lang und verjüngt sich von der 14,5 cm breiten Mündung auf 3 cm. Zwischen das weitgehend massive Ende aus Eisen, das 21,5 cm mißt, ist noch eine hohle Scheibe eingesetzt, so daß die Gesamtlänge des Horns 123 cm beträgt, von der Spitze zur Mündung in einer Linie gemessen sind es 89 cm. Das Horn faßt 5,5 Liter. Die weitgehend massive Spitze ist durch einen Zapfen aus Buchenholz mit dem Horn verbunden und endet in einer profilierten Hohlkugel, wie sie größer auch zwischen diesem Ende und dem Horn sitzt. Diese aus zwei Hälften zusammengesetzte Blechkugel ist jedoch nur noch in geringen Resten erhalten, so daß ihre Form nicht vollkommen gesichert ist. Kurz vor der Spitze des Horns ist ein eiserner Quersteg eingezapft; er hält an beiden Enden einen halbkreisförmig gebogenen Eisenstab, der in Knöpfen endet und in ausgeschmiedeten Ösen Eisenringe trägt. Es dürfte sich um stark stilisierte Rinderprotome handeln, die an die Tradition der urnenfelderzeitlichen, aus Bronze gegossenen Trinkhornenden anknüpfen, die ebenfalls in Rinderprotomen oder Vogelköpfen enden. In die Eisenringe waren weitere eingehängt, von denen jedoch nur acht erhalten sind. An ihnen war ein Gehänge aus Beinperlen verschiedener Form befestigt,

das allerdings bei der Auffindung stark verworfen und auch nur in Teilen erhalten war, so daß seine ursprüngliche Anordnung nicht mehr zu rekonstruieren ist (Abb. 66). Erhalten sind noch zwei vollständige und Teile von weiteren Knochenschiebern mit eingezirkelter Kreisaugenverzierung, die quer durchbohrt sind und die Fäden von Gehängen fassen. Sie bestanden aus langen, auf der Drehbank profilierten Knochenperlen mit fein eingeschnittener und auch weiterer Rippung. Einige kugelige Perlen und vor allem die Reste von drei kleinen Männchen gehören wohl an das Ende des Gehänges, während größere, sehr schlecht erhaltene Teile von der Aufhängung stammen dürften. Wie bereits erwähnt, fanden sich unter den Werkstattresten im Hügel Nachweise für Knochen- und Hirschhornverarbeitung, darunter das Halbfabrikat eines Knochenschiebers (Abb. 51, 25). So besteht zumindest die Wahrscheinlichkeit, daß auch dieses reiche Gehänge hier angefertigt, möglicherweise auch nur ausgebessert und ergänzt worden ist.

Bei der Auffindung war das Trinkhorn reich mit aufgelegten Goldbändern geschmückt. Schmale Goldstreifen mit Punzverzierung sind beidseitig der neun Rippen angeklebt, und auch die Mündung ist mit einem 5,5 cm breiten und 48 cm langen, außerordentlich dünnen Goldblech mit Kreisaugenverzierung und Längsrippen geschmückt. Unter ihm verbirgt sich jedoch die ursprüngliche Verzierung der Mündung – drei aufgelegte, schmale, mit Kreisaugenpunzen verzierte Bronzestreifen. Wie bei dem goldverzierten Dolch und dem Gürtel wurde also auch hier das Gold sekundär angebracht. Diese Goldverzierung ist übrigens recht aufwendig: Die 1 cm breiten Bänder sind insgesamt 4,20 Meter lang und wiegen etwa 46 Gramm, so daß allein zur Verzierung dieses Horns 66 Gramm Gold verwendet wurden. Die einzelnen Bleche sind einfach aufgelegt, zum Teil auch mit einer weißen Masse aufgeklebt. Das eiserne Trinkhorn hat in sich, von oben betrachtet, einen deutlichen S-förmigen Schwung, der in der Seitenansicht nicht sichtbar wird. Es ist damit seinen Vorbildern aus Tierhorn nachgebildet, die allerdings sehr viel stärker geschwungen sind. Auch der tordierte Henkel aus Bronze entspricht in allen Einzelheiten denen der acht anderen Hörner. Wie verschiedene Beobachtungen zeigen, wurden auch diese Henkel nachträglich angebracht, um die Hörner an der Kammerwand aufzuhängen. Sie sind

Abb. 66. Knochenperlen von den Gehängen der Trinkhörner.

außerordentlich schwach und hätten die gefüllten Hörner niemals tragen können.

Die acht Hörner aus organischem Material waren mit denselben Eisenhaken an der südlichen Kammerwand befestigt, die auch die Stoffbahnen an der Holzwand trugen. Einige von ihnen sind noch an den Henkeln angerostet und zeigen deutliche Stoffabdrücke (Abb. 67). Beim Herunterfallen sind die Hörner stark zerbrochen, doch wird aus der Fundlage (Abb. 32) immerhin klar, daß alle mit der Mündung nach Osten aufgehängt waren. Bei einigen ist die ursprüngliche Form in der Fundlage noch zu erahnen. Diese Hörner sind ebenfalls mit einem 2,6 cm breiten Mündungsblech aus Gold geschmückt. Sieben dieser Mündungsbleche haben eine völlig identische Punzverzierung durch zonal angeordnete Kreisaugen und Doppel-X-Punzen (Taf. 9g), eines ist mit den großen Kreispunzen verziert, die auch die Mündung des Eisenhorns schmücken. Die kleinen Doppel-X-Punzen finden wir auf den schmalen Goldbändern des Eisenhorns wieder (Taf. 9h), so daß die Herkunft der Goldverzierung der Trinkhörner aus ein und derselben Werkstatt gesichert ist. Es ist die Werkstatt, in der auch die übrige Goldausstattung des Toten angefertigt wurde. Diese Bleche sind insgesamt drei Meter lang und wiegen zusammen immerhin etwa 90 Gramm. Sie sind leicht konisch gearbeitet und etwas über die Mündung gebördelt. Wenig hinter der Mündung und dem Goldblech sitzt ein zweites Band aus sehr dünnem Bronzeblech, ein weiteres im hinteren Drittel des Horns (Abb. 68). Das vordere Blech ist knapp 5 cm breit, das hintere etwa 3 cm. Fast alle diese Bänder sind so bruchstückhaft erhalten, daß über ihren Umfang keine Aussagen gemacht werden können. An einigen ist jedoch ein sehr wichtiges Detail zu beobachten – auf ihrer Innenfläche hat sich nicht nur die Hornoberfläche abgedrückt, sondern auch Oxyd gebildet, das in eine feine Rillenverzierung der Hornoberfläche eingedrungen ist und diese konserviert hat. Das bedeutet, daß auch die organischen Trinkhörner vor ihrer Ausschmückung mit Gold und Bronze und der Anbringung der Henkel mit einfachen, eingeschnittenen Rillen verziert waren. Henkel an Trinkhörnern sind völlig ungewöhnlich und wurden in unserem Fall eigens angebracht, um die Stücke an der Kammerwand aufhängen zu können. Offenbar wurde sehr viel Wert darauf gelegt, die Kammer und die Grabausstattung optisch möglichst wirkungsvoll erscheinen zu lassen, denn sonst hätte man sich sicher darauf beschränkt, die Hörner auf den Boden zu legen oder weniger aufwendig anzubringen. Der Eindruck, daß die Grabausstattung vornehmlich für die Bestattungsfeierlichkeiten hergerichtet wurde, drängt sich auch bei dieser Beobachtung wieder auf.

Das eiserne Trinkhorn war sicherlich für den Fürsten bestimmt, während die übrigen acht für einen fest umrissenen Kreis von Personen gedacht waren, der auch in der Zahl der Speisegeschirre seinen Niederschlag gefunden hat, wenngleich seine Zugehörigkeit oder Abhängigkeit nicht so weit ging, daß er selbst dem Fürsten ins Grab folgte.

Zu den nicht gerade zimperlich bemessenen Trinkhörnern gehört nun auch der entsprechende Getränkbehälter, ja das Getränk selbst. In der Nordwestecke der

Abb. 67. Eisenhaken mit Textilresten, am Henkel eines Trinkhorns festgerostet.

◁ Abb. 68. Rekonstruktion der acht Trinkhörner. Sie bestanden ursprünglich aus Hornscheiden des Auerochsen.

Abb. 69. Die einziselierte Mähne des Löwen 1.

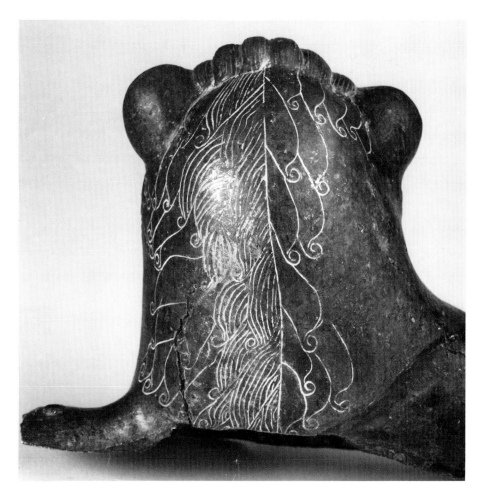

Grabkammer stand zu Füßen des Toten ein griechischer Bronzekessel, der 500 Liter faßt und auch zu drei Vierteln gefüllt war. Der rundbodige Kessel wurde von einem mit Eisen beschlagenen einfachen Holzgestell festgehalten, das er mit seinem großen Gewicht jedoch bald zerdrückt hat: Das Gestell ist gegen die Kammermitte zu heruntergebrochen (Taf. 4c) und stark zersplittert, so daß seine genaue Konstruktion nicht mehr festzustellen war. Ein runder Holzreif mit einem Durchmesser unter einem Meter war außen mit einem Eisenreif beschlagen, um ihn gegen den starken Gewichtsdruck zu schützen und zusammenzuhalten. Er stand auf mindestens vier senkrechten Füßen, die ähnlich wie das noch zu besprechende hölzerne Joch (Taf. 45) durch Schnitzen profiliert waren. Unter dem Kessel verlief außerdem ein Holzkreuz, das teilweise erhalten war und sich auch im Kesselboden abgedrückt hat. Zwischen Kessel und Kesselgestell hatte man Dachsfelle gelegt, um den Druck etwas zu verteilen. Das Gestell war wohl so niedrig, daß der Kessel mit dem Boden aufsaß.

Der mächtige rundbodige Kessel hat einen Durchmesser von 104 cm, eine Höhe von 80 cm und faßte, wie bereits erwähnt, 500 Liter. Er ist aus einem Stück getrieben und zieht zum Rand mit einem Innendurchmesser von 60 cm stark ein, hat also eine flache Gefäßschulter (Taf. 33). Der Rand ist sehr viel dicker als die Gefäßwandung und nach außen umgeschlagen. Auf der flachen Schulter, direkt an den Rand anschließend, sind drei Löwen und drei Henkel mit mächtigen Rollenattaschen angebracht, die zusammen diesem prächtigen Stück seine Bedeutung geben. Die Löwen und der gesamte Kessel werden von Werner Gauer untersucht, auf dessen Ausführungen ich mich hier stützen kann.

Die drei Löwen (Taf. 34–36) sind liegend mit gestreckten Vorder- und angezogenen Hinterläufen und ringförmig umgeschlagenem Schwanz dargestellt. Sie blicken seitwärts zum Betrachter. Dieses Grundschema ist bei allen drei Tieren eingehalten, doch unterscheiden sie sich in der Ausführung beträchtlich. Der größte Löwe 2 (Taf. 34) mit 35 cm Gesamtlänge ist plastisch sehr gut durchgearbeitet. Ohren, Augenpartie und die Schnauze sind so durchmodelliert, daß auf eine Nacharbeitung weitgehend verzichtet werden konnte. Der Löwe 1 (Taf. 35) ist etwas kürzer (33,8 cm) und weniger stark modelliert, doch sind hier einige Details schon beim Guß deutlicher dargestellt, etwa die Haarmähne und die Stirnlocken. Der Schnurrbart wurde nachzisiliert, auch hat dieses Stück eine fein einzisilierte Rückenpartie (Abb. 69), deren Nackenmähne entweder so gearbeitet ist, daß sie für eine Betrachtung von der Seite her gedacht war, oder aber sie wurde nicht fertiggestellt. Man sieht deutlich, daß sie nachträglich unten abgeschnitten worden ist. Denn diese Figur ist nach dem Guß und der Anbringung der Ziselierung gesprungen. Ein Sprung läuft über die ziselierte Rückenpartie, ein weiterer über den Rücken des Tiers. Um eine weitere Zerstörung zu verhindern, hat man das Innere dieses hohl gegossenen Tiers mit Blei gefüllt. Eine Analyse dieses Bleis, die von N. Gale in Oxford durchgeführt wurde, ergab, daß es aus Laurion stammt, einer bekannten Silbermine in der Nähe von Athen. Bei diesen Arbeiten wurde wohl auch die Unterseite des Löwen überarbeitet und dabei die ein-

119

ziselierte Mähne in ihrem unteren Teil abgeschnitten. Gußtechnisch weisen beide Löwen große Mängel auf – Löwe 2 wurde sogar in drei Arbeitsgängen gegossen: Die dreieckige Partie auf seiner rechten Brustseite stammt von einem Überfangguß, mit dem ein Gußfehler verdeckt werden mußte, und auch im Inneren sind noch zahlreiche Reste des Gußkerns belassen worden (Abb. 70).

Der Löwe 3 (Taf. 36) behält das Grundschema der Darstellung bei, doch weicht er in der Ausführung deutlich ab. Man erkennt, daß der Bronzegießer versucht hat, die beiden anderen Tiere zu kopieren. Vielleicht war es nicht nur Unvermögen, sondern eigener Gestaltungswille, daß er hierbei stark vereinfacht hat. Die Plastizität der Vorbilder ist verlorengegangen, doch spricht gerade dieser Löwe wegen seiner – gewollten oder ungewollten – Vereinfachung den Betrachter besonders an.

Die drei massiven Bronzeschenkel mit ihren großen Rollenattaschen sind ebenfalls individuell gegossen und weichen nur in Einzelheiten voneinander ab. Das Wachsmodel der Rollen war sehr nachlässig gearbeitet, teilweise stark verschoben, so daß die Stücke wenig exakt gegossen wirken (Taf. 37).

Nach Aussage von Werner Gauer sind die Löwen 2 und 1 wie auch die Henkel um 540–530 v. Chr. in einer griechischen Kolonie in Unteritalien entstanden.

Sehr aufschlußreich sind nun einige technische Beobachtungen, die durch Metallanalysen ergänzt werden, die von Axel Hartmann durchgeführt wurden. Die Löwen 2 und 1 sind am Kessel mit wenig sorgfältig gearbeiteten Kupfernieten befestigt und zusätzlich mit Zinn angelötet. Die Henkel zeigen einige Beschädigungen, so daß sie vermutlich sekundär verwendet worden sind, aber auch sie sind, zusätzlich zur Befestigung mit großen Eisenstiften und kleinen Nieten, durch Zinnlot mit dem Kesselblech verbunden. Einer sitzt über einer Flickung, mit der wahrscheinlich keine Beschädigung,

Abb. 70. Der Löwe 2 von unten mit Resten des Tonkerns.

Tafel 33
Der Bronzekessel mit drei Löwen und drei Henkeln.

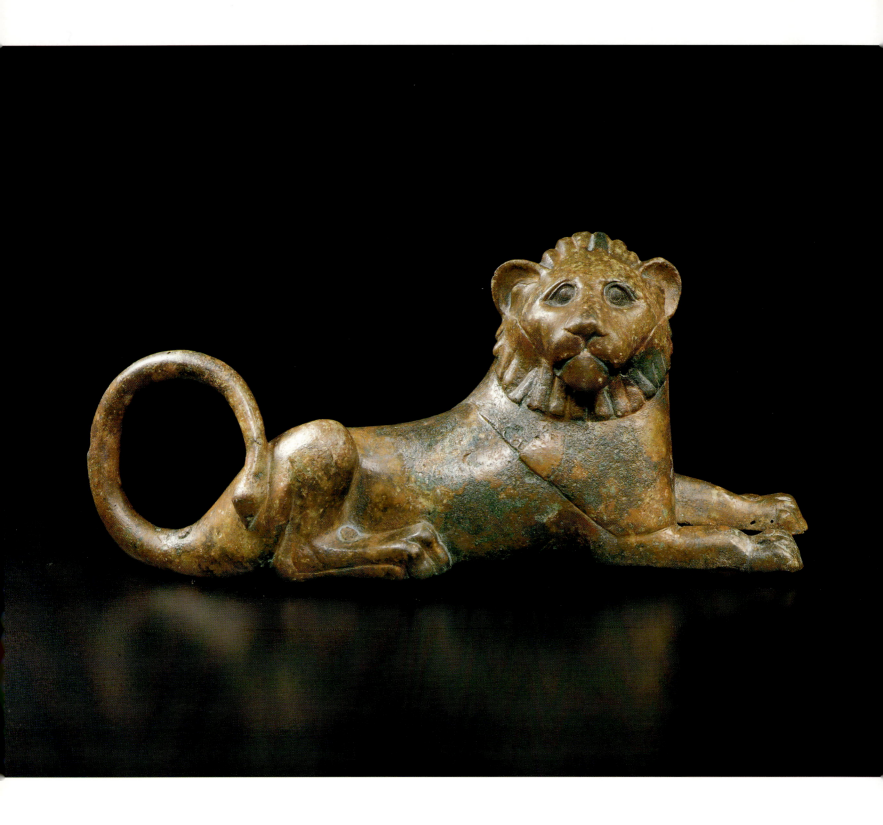

Tafel 34 Löwe 2 vom Kessel.

Tafel 35   Löwe 1 vom Kessel.

Tafel 36   Löwe 3 vom Kessel.

Tafel 37   Ein Bronzehenkel vom Kessel.

Tafel 38 Die Goldschale.

Tafel 39 Zwei Bronzeteller des Speisegeschirrs.

Abb. 71. Der Löwe 3 von unten mit sauber gearbeiteter Gußfläche.

◁ Tafel 40
Ein Bronzebecken des Speisegeschirrs.

sondern ein Fehler beim Treiben ausgebessert wurde. Zinnlot ist im Bereich der Hallstattkultur unbekannt – hier wird Kupferlot verwendet –, kommt aber im klassischen Mittelmeerbereich häufig vor. Der Löwe 3 ist mit sorgfältig gearbeiteten Bronzenieten befestigt, jedoch nicht gelötet. Nimmt man ihn ab, so zeigen sich in der Kesselwandung Nietlöcher eines Vorgängers, die denen der beiden Löwen 2 und 1 entsprechen, während Löwe 3 anders befestigt ist. Dies bedeutet, daß ein ursprünglich vorhandener, klassischer Löwe durch diese Kopie ersetzt worden ist. Der Löwe 3 ist sehr viel sorgfältiger und gekonnter gegossen als die beiden anderen. In seinem Innern sind die Gußunregelmäßigkeiten beseitigt (Abb. 71), er ist sehr viel dünnwandiger und hat keinerlei Gußfehler, Lunkern oder Löcher. Auch zeigte die Bronzeanalyse, daß die drei Henkel und die beiden Löwen 2 und 1 aus sehr ähnlichem Material hergestellt sind, von dem Löwe 3 stark abweicht.

Man hat also einen ursprünglich vorhandenen griechischen Löwen durch eine einheimische Kopie ersetzt. Daß der frühkeltische Bronzegießer technisch keinerlei Schwierigkeiten hatte, ja seine südlichen Kollegen weit übertraf, wirft ein bezeichnendes Licht auf das technische Know-how der frühen Kelten, das auch in späteren Schriftquellen gerühmt wurde. Natürlich waren die griechischen Produkte Massenware, bei deren Herstellung wenig auf Details geachtet wurde, während der keltische Bronzegießer sein ganzes Wissen und Können mit großer Sorgfalt auf diese seltene Arbeit verwandt hat.

In einen solchen griechischen Kessel gehört eigentlich griechischer Wein, dessen Import an die Fürstenhöfe durch Funde von Amphoren nachgewiesen ist. Der Hochdorfer Keltenfürst schien diese südländische Spezialität jedoch nicht zu schätzen: Er blieb bei dem ihm vertrauten heimischen Gebräu, das auch schon seine Vorfahren getrunken hatten. Seine Reste hatten sich erhalten und konnten von Udelgard Körber-Grohne genau analysiert werden. Auf dem Kesselboden fand sich nämlich eine dicke braune Kruste (Abb. 72), deren chemische Analyse zunächst keine Resultate ergab. Die mikroskopische Untersuchung ließ jedoch Pollenkörner erkennen, die dann in aufwendiger Arbeit bestimmt wurden. Insgesamt konnten 58 Pflanzen identifiziert werden, doch ist mit einer tatsächlichen Pflanzenzahl von über 100 zu rechnen. Zusammengefaßt ergaben die botanischen, bienenkundlichen und chemischen Untersuchungen folgendes: Der Kessel enthielt zur Zeit der Bestattung etwa 150 kg einheimischen Honig, fast ausschließlich Blütenhonig, der von zahlreichen Bienenvölkern gesammelt worden war. Die meisten Honigtrachten waren im Spätsommer geerntet worden – ein weiterer Hinweis auf die Jahreszeit der Bestattung. Man hatte den Honig aus den Waben gepreßt, denn der aufgefundene Satz enthielt nur sehr wenig Wachs. Da einige der Pflanzen, deren Pollenkörner identifiziert wurden, ortsgebunden sind, ließ sich nachweisen, daß der Honig in größerer Entfernung von Hochdorf geerntet wurde – eine Beobachtung, die ähnliche Schlüsse zuläßt wie die Fichtennadeln in den Dachsfellen. Selbst wenn man Unsicherheitsfaktoren in der Hochrechnung des Gewichts berücksichtigt, ist die Honigmenge so groß, daß es sich nicht um Süßstoff für Wein, sondern ganz klar um Honigmet gehandelt hat. An der Kesselwandung hatten sich dunkle Flüssigkeitsringe erhalten, aus denen mit Sicherheit zu schließen ist, daß der Kessel zu drei Vierteln gefüllt ins Grab kam. Falls man ihn zuvor bei einem Totenmahl geleert haben sollte, wurde er jedenfalls wieder frisch aufgefüllt.

Wir kennen zwar die üblichen alkoholischen Getränke der damaligen Zeit nicht, doch dürfte Honigmet dieser Konzentration kaum von jedermann getrunken worden sein, denn es ist sehr viel einfacher, aus vergorenem oder gekeimtem Getreide Bier herzustellen. Die Kelten waren für ihr Bier berühmt und tranken es schon, als sie 390 v. Chr. unter Brennus Rom eroberten. Nach Livius war es ein stinkendes Gebräu, das durch das Vergären von Gerste in Wasser gewonnen wurde. Daß sich der Wein zum Trinken aus Hörnern sehr viel weniger eignet als Bier, mag einer der Gründe für das Vorkommen bzw. Fehlen von Trinkhörnern in den verschiedenen Regionen sein. Sie sind in den weintrinkenden Kulturen um das Mittelmeer zu allen Zeiten unbekannt.

Während der Ausgrabung fand sich im Kessel liegend

Abb. 72. Der eingetrocknete Inhalt des Kessels in Fundlage.

und etwas verdrückt eine Goldschale (Taf. 11a), deren Restaurierung verhältnismäßig einfach war (Abb. 73 und Taf. 38). Die flach halbkugelige, rundbodige Schale hat einen leicht ausbiegenden Rand, unter den von innen nach außen eine Horizontalreihe von Kreispunzen eingearbeitet ist. Mit einem Durchmesser von 13,4 cm bei einer Höhe von 5,4 cm ist sie recht klein, wiegt aber immerhin 72 Gramm. Deutlich sind die Treibspuren zu erkennen, der Treibhammer hatte in seiner Schlagfläche zwei senkrechte Rillen. Die Schale ist so stabil, daß sie ohne Holzeinlage benutzt werden konnte. Sie lag ursprünglich sicher nicht im Kessel, d. h. im Met, sondern auf Tüchern, mit denen der Kessel abgedeckt war. Bei der Ausgrabung hingen sie noch als Stoffahnen im Kesselbauch, waren aber so brüchig, daß sie sofort zerfielen. Einige von ihnen waren jedoch um den Schwanz eines Löwen gewickelt und konnten abgelöst und bestimmt werden (Taf. 11b): Es handelte sich um Tücher, die von Borden aus Brettchenweberei mit reichen, eingestickten farbigen Mustern eingefaßt waren.

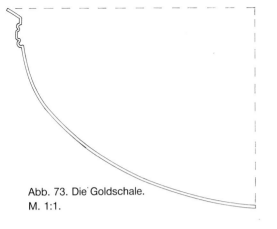

Abb. 73. Die Goldschale. M. 1:1.

Die Funktion der Schale ist nicht ganz klar – um eine Trinkschale scheint es sich bei der Zahl und Größe der Hörner nicht zu handeln, denn die Dimensionen passen einfach nicht zusammen. Eher dürfte es eine Schöpfschale sein, die zum Füllen der Trinkhörner benötigt wurde, denn diese selbst hat man wohl kaum in das süße, klebrige Gebräu getaucht. Es könnte sich natürlich auch um eine Opferschale für das Trankopfer an die Götter handeln.

Obwohl dies nicht belegbar ist, scheint mir die Goldschale ebenfalls eigens für die Bestattung hergestellt worden zu sein. Dafür spricht nicht nur die mit den übrigen Goldfunden übereinstimmende Goldanalyse, sondern auch die Tatsache, daß Goldschalen überhaupt recht selten sind. Es gibt insgesamt nur fünf Exemplare aus dem Bereich der Hallstattkultur – neben der Hochdorfer eine Schale aus Grab 1 von Bad Cannstatt. Sie ist nur wenig größer, aber viel dünnwandiger als das Hochdorfer Stück, was noch mehr für eine Schale aus Wehringen in Bayerisch-Schwaben gilt. Sie stammt aus einem reichen Wagengrab der älteren Hallstattkultur, das aber nicht zu unseren Fürstengräbern gerechnet werden kann. Dagegen lag im Fürstengrab von Apremont in Burgund eine Fußschale aus Gold, die in ihren Dimensionen dem Hochdorfer Fund entspricht und mit 55 Gramm Gewicht nur wenig leichter ist. Ein Unikat ist schließlich die in ihrer Zeitstellung und Herkunft heftig diskutierte Goldschale von Zürich-Altstetten mit einem Gewicht von 910 Gramm, deren Fundumstände leider recht unklar sind. Direkt vergleichbar sind also nur die beiden Schalen von Cannstatt und Apremont, die belegen, daß solche Schalen nicht zur üblichen Ausstattung eines Fürstengrabes gehören. Dagegen haben sich in verschiedenen großen Bronzekesseln, die in ihrer Funktion dem Hochdorfer Kessel entsprechen, Holzschalen erhalten, die zum Teil schön gedrechselt sind. Ein solches, auf der Flüssigkeit schwimmendes Schöpfgefäß dürfte ursprünglich auch Bestandteil des Hochdorfer Trinkservices gewesen sein, das dann für die Bestattung durch eine Goldschale ersetzt wurde.

Im Fürstengrab von Hochdorf können wir also ein Trinkservice aus neun Trinkhörnern, einem großen griechischen Bronzekessel und einer Schale feststellen, das für die Bestattung mit Gold ausgeschmückt wurde. Nun sind Trinkservice, wie schon ausgeführt wurde, ein recht traditioneller Beigabenkomplex, da sie schon in der älteren Hallstattkultur eine wichtige Rolle spielen. In der jüngeren Hallstattzeit mit ihren veränderten Bestattungssitten scheinen sie, zumindest im Bereich der westlichen Hallstattkultur, im wesentlichen auf die Fürstengräber beschränkt zu sein. Zwar können auch andere Gräber, vor allem in der Frühzeit dieser Stufe, ab und zu Bronzegefäße enthalten, doch beschränken sich die Beigaben in der Regel auf Trachtbestandteile und Schmuck, und auch die Speisebeigaben werden fast vollständig aufgegeben. In den Fürstengräbern spielen die Trinkservice jedoch weiterhin eine wichtige Rolle – sie zeigen auch, daß die Trinkgewohnheiten sich mit den Kontakten zum Süden entwickeln, mit dem Import mittelmeerischen Weins verändern und sich diesen angleichen. Dies führt dann zu so elaborierten Servicen, wie wir es aus dem Grab von Vix mit seinem riesigen Krater und zahlreichen weiteren Bronzegefäßen kennen.

Das Vorhandensein eines Trinkservices bedeutet also keine Überraschung, um so mehr aber die Zusammensetzung des Hochdorfer Fundes, der gleich mehrere Neuheiten enthält: die Festlegung auf einen neun Personen umfassenden Kreis von Zechern sowie die Art der Gegenstände selbst – Trinkhörner und griechischer Kessel. Denn Trinkhörner sind in den Fürstengräbern wie auch im Bereich der gesamten Hallstattkultur äußerst selten, während sie dann in den reichen Gräbern der Frühlatènezeit, wie dem vom Kleinaspergle oder am Mittelrhein, fast zur Regelausstattung gehören. Zwar sind Trinkhörner in Mitteleuropa seit der Bronzezeit belegt, aber nur dort archäologisch nachweisbar, wo sie entweder aus Ton nachgeformt oder mit Metallbeschlägen versehen wurden. Von den neun Hochdorfer Hörnern hätte sich nur das eiserne zu erkennen gegeben, wären die Hörner nicht für die Bestattung ausgeschmückt worden!

Nur aus einem weiteren hallstattzeitlichen Fürstengrab, der Nebenkammer des Römerhügels von Ludwigsburg, ist ein Trinkhorn bekannt. Es handelt sich um einen konischen Goldblechring mit einem Durchmesser von 9 cm, den erst Ludwig Pauli als Mündung eines Trinkhorns angesprochen hat, was ihn allerdings dazu bewog, das Grab fälschlich in die Frühlatènezeit zu datieren. Ob Trinkhörner aus Hornscheiden das allgemein übliche Trinkgefäß dieser Zeit waren, sei dahingestellt – immerhin verrät die sehr gekonnte und technisch schwierige Herstellung des Eisenhorns von Hochdorf, daß sein Schmied einige Erfahrung gehabt hat, zumal er auf die Darstellung des Hornschwungs nicht verzichten wollte. Auch die Rinderprotome an der Spitze des Horns belegen eine bis in die Urnenfelderzeit zurückreichende ungebrochene Tradition.

Vor allem aber der gewaltige griechische Bronzekessel dieses Grabes ist sensationell, obwohl er in Maßen und Gewicht deutlich unter dem bekannten Volutenkrater von Vix bleibt, der mit 1,64 m Höhe 208 kg wiegt und 1100 Liter faßt. Das Hochdorfer Grab ist jedoch deutlich älter, obwohl die beiden Stücke zeitlich nicht allzu weit auseinander liegen. Der Kessel kam zu einem Zeitpunkt in den Boden, als so üppig mit Importen ausgestattete Gräber wie der Grafenbühl und Vix noch unbekannt waren. So ist der Hochdorfer Kessel auch das einzige sichere Importstück dieses Grabensembles, in dem er tatsächlich etwas isoliert wirkt. Dies unterstreicht schon die Tatsache, daß er auf einem einfachen Holzgestell und nicht auf einem klassischen Dreifuß aus Metall plaziert wurde. Doch wie bei Vix handelt es sich um einen selbst für klassisch griechische Begriffe ungewöhnlichen und vor allem ungewöhnlich großen Gegenstand. Der Krater von Vix hat im griechischen Bereich kein Gegenstück, und ähnliches gilt auch für den Hochdorfer Kessel. Zwar sind Kessel oder Kesselfragmente bekannt, die von noch mächtigeren Stücken stammen, doch kennen wir bisher keine größeren gegossenen Löwen als die des Hochdorfer Kessels. Alle Vergleichsbeispiele sind wesentlich kleiner. Solche Beobachtungen, die auch an anderen Importgütern zu machen sind, haben zu der Überlegung geführt, ob solche großen, „barocken" Bronzegefäße von den Griechen speziell für den Export angefertigt wurden, und die Frage aufgeworfen, wie sie an die hallstättischen Höfe kamen. Daß den Bronzeschmieden und -gießern in den großgriechischen Kolonien Unteritaliens der Geschmack der Hallstattfürsten bekannt war, darf allerdings bezweifelt werden, doch ist es recht einleuchtend, in diesen großen Stücken Geschenke zu sehen. Die engen Beziehungen zum Süden, die besonders durch die Grabungen auf der Heuneburg klar geworden sind, können nur mit direkten Kontakten erklärt werden. Gastgeschenke an die Mächtigen, die über die Art, die Intensität und die Konditionen dieser Kontakte zu entscheiden hatten, sind deshalb sehr wahrscheinlich. Die Tatsache, daß dem Toten von Hochdorf ein solches Prunkstück mitgegeben wurde, zeigt aber auch, daß es sich um einen Mann handelte, der tatsächlich das Sagen hatte. Daß er am heimischen Gebräu festhielt und es vorzog, mit seinen acht Mitzechern Met oder Bier aus großen Hörnern zu trinken, statt griechischen Wein zu schlürfen, paßt recht gut zum Bild dieser Persönlichkeit, das wir aus seinen Grabbeigaben erschließen können.

Das Speiseservice

Wie das Trinkservice ist auch das Speiseservice für neun Personen gedacht – es besteht aus neun Bronzetellern, drei größeren Bronzebecken mit zwei Henkeln sowie einigen Geräten zum Schlachten bzw. Tranchieren: einer großen Eisenaxt, einem Fleischmesser, einem lanzenartigen Gerät und einem Hirschhornknebel. Es war auf den Wagenkasten gestapelt bzw. gelegt worden (Taf. 5 b) und ist beim Herunterbrechen der Grabkammer zwar etwas verschoben und verrutscht, läßt aber die ungefähre ursprüngliche Lage noch gut erkennen. So waren im Nordteil des Wagens vier Teller mit punktverziertem Rand aufeinandergestellt; in der Südhälfte stehen auf den drei Henkelbecken drei Teller mit verschiedenartiger Randverzierung, darauf zwei weitere mit punktverziertem Rand. Südlich davon sind die Geräte quer auf den Wagen gelegt, die Axt reicht mit ihrem langen Holzstiel unter die Becken.

Im Unterschied zu den Trinkhörnern ist von den neun Tellern keiner besonders hervorgehoben, d. h. für den Fürsten selbst besonders aufwendig angefertigt. Nur drei fallen durch ihre etwas abweichende Randverzierung auf (Taf. 39): Ihre flachen Ränder tragen Kreisaugen, Kreuze und Rauten bzw. Quadratpunzen, alle übrigen sind mit Reihen von Perlbuckeln verziert. Ihr Durchmesser schwankt zwischen 27 und 32 cm. Einer der Teller ist geflickt, sein Rand war gebrochen und wurde mit einem unter den Rand genieteten Eisensteg wieder fixiert. Die drei Becken haben Durchmesser um 43 cm bei einer Höhe von 9 cm (Taf. 40). Die horizontalen, etwas geschwungenen Henkel sind mit langen schmalen Attaschen am Gefäß befestigt. Der kleine, eingewölbte Standboden wurde bei einem Becken ebenfalls eingeflickt. Beide Geschirrsätze waren also über längere Zeit in Gebrauch.

Durch ihre Lage auf dem Wagen beim Geschirr geben sich die verschiedenen Geräte als Metzgerinstrumente zu erkennen. Eine große Eisenaxt (Abb. 74) mit mächtigem, 17 cm breitem, halbkreisförmig geschwungenem Blatt und rechteckiger Tülle von 5 × 4 cm hält einen gebogenen, aus einem Ast gearbeiteten Holzstiel, der in der Biegung einen eingestifteten Eisenring zum Aufhängen des Geräts trägt. Zur Sicherung wurde der Stiel in der Axttülle durch einen weiteren Eisenstift festgehalten. Dazu kommt ein Fleischmesser mit einer 33 cm langen Klinge, gerader Schneide und einem nicht erhaltenen Holzgriff, in dessen Ende eine Eisenkappe mit Eisenringen eingestiftet ist. Diese Messer mit Ringgriff gehören zu einem fest umschriebenen Typ, dagegen sind die beiden anderen Gegenstände etwas problematischer. Der eine aus Eisen ist sehr schlecht erhalten: Er ist noch 28 cm lang und hat wie eine Lanzenspitze eine runde Tülle, in der auch noch Holz steckt. Seitlich setzen Rippen an, die zum Blatt einer Lanzenspitze führen könnten, doch ist von diesem kein Rest erhalten, die Tülle läuft zu einer Spitze aus. Obwohl gerade im Bereich dieser Gegenstände die Eisenerhaltung sehr schlecht war, erscheint es doch fraglich, ob sich das Blatt einer Lanzenspitze bis zur Unkenntlichkeit zersetzt hätte – auch im Röntgenbild ist nichts zu erkennen. Wahrscheinlicher ist deshalb, daß es keine Lanze, sondern eine Eisenspitze

ist, zu der mir Vergleiche jedoch nicht bekannt sind. Auch das vierte Gerät aus einer nur leicht gebogenen, 25 cm langen Hirschgeweihsprosse ist in seiner Funktion unklar. Sein Ende ist quer geschlitzt und trägt eine Vorrichtung für einen Quersplint, der allerdings nicht vorhanden war. Falls es nicht ein Knebel zum Aufhängen großer Schlachttiere ist, könnte man an ein Gerät zum Netzknüpfen denken (Abb. 74).
Geschirrsätze dieses Umfangs sind in den Fürstengräbern völlig ungewöhnlich. Darauf haben wir schon bei der großen Zahl von Trinkhörnern hingewiesen. Das einzige Grab, in dem noch mehr Teller lagen, ist das von Corminbœf im Kanton Fribourg in der Schweiz. Der bekannte Ausgräber Abbé Breuil barg hier aus einem sicherlich weitgehend gestörten Grabhügel Teile von 19 Schalen unseres Typs mit verschiedenartiger Randverzierung, dazu das noch 14,5 cm lange Bein einer Bronzefigur, deren Funktion unbekannt ist. In keinem anderen Grab geht die Zahl der Bronzegefäße neben einem großen Bronzekessel über fünf hinaus, und meist handelt es sich um recht unterschiedliche Gefäßtypen. Unsere Teller gehören zum sogenannten Typ Hohmichele, den Wolfgang Dehn zum erstenmal zusammengestellt hat. Inzwischen gibt es eine ganze

Abb. 74. Eisenaxt, Messer, Spieß und Hirschgeweihgerät.

Reihe solcher Gefäße, die sich an die etruskischen Perlrandbecken anlehnen, die auf der Karte (Abb. 75) mit dargestellt sind. Diese Bronzegefäße scheinen jedoch nicht über die Alpen nach Südwestdeutschland gekommen zu sein, sondern über den Seeweg nach Massilia und dann die Rhone aufwärts, wie ihre Verbreitungskarte sehr schön zeigt. Allerdings sind die Hochdorfer Schalen sicherlich einheimische Stücke, deren Form lediglich auf südliche Einflüsse zurückgeht. Schalen dieser Art sind eigentlich typisch für Gräber, die deutlich älter als Hochdorf sind: So finden wir sie etwa im Grab 6 des Hohmichele oder in Vilsingen, in beiden Fällen zusammen mit Messern mit Ringgriff, auch im Rauhen Lehen bei Ertingen oder im Fürstengrab von Hügelsheim – alles Gräber der Stufe Hallstatt D 1. So verwundert es nicht, daß unsere Teller mit ihren Flickungen schon längere Zeit in Gebrauch waren. Sehr viel seltener sind die Becken mit den beiden Horizontalgriffen (Taf. 40). Außer in Hochdorf finden wir sie nur noch in Hatten im Elsaß, einem Grab in Böhmen und, bezeichnenderweise, in der Nebenkammer des Römerhügels bei Ludwigsburg, aus dem auch ein Perlrandbecken vorliegt. Dieses Grab besitzt zahlreiche Ähnlichkeiten mit dem von

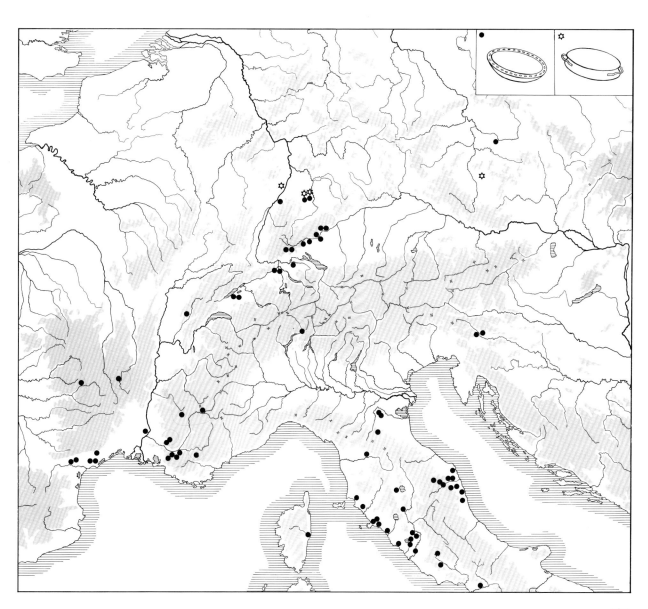

Abb. 75. Verbreitungskarte der Bronzeteller und -bekken (nach W. Kimmig und W. Dehn).

Hochdorf, auf die wir bei der Besprechung des Wagens noch einmal zurückkommen werden. Die Konzentration von nunmehr vier Stücken dieses Typs um den Hohenasperg ist recht auffällig und spricht ebenfalls dagegen, daß diese Bronzegefäße importiert waren.

Über die Funktion der Teller und Becken lassen sich nur Vermutungen anstellen. Ganz naiv könnte man sich denken, daß die Becken zum Servieren von Speisen, die Teller als Speiseplatten für Einzelpersonen dienten. Dies legt jedenfalls die Übereinstimmung mit der Zahl der Trinkhörner nahe und scheint auch recht plausibel zu sein. Keinesfalls handelt es sich jedoch um Eßteller im heutigen Sinn, denn Bestecke waren noch nicht in Gebrauch, doch könnte man suppenartige Speisen gut aus diesen Tellern schlürfen.

Fleisch, wahrscheinlich auch das größerer Jagdtiere – dafür sprechen jedenfalls die Metzgergeräte –, scheint beim Mahl eine wichtige Rolle gespielt zu haben. Nur in wenigen Gräbern finden wir Eisenäxte, so etwa in zwei Gräbern in Burgund, im Hügel 1 bei der Heuneburg, und auch im Grafenbühl lagen zwei Miniaturbeile. Die Hochdorfer Tüllenaxt ist dagegen ein besonders mächtiges Exemplar. Im Osthallstattgebiet und in Teilen Oberitaliens waren Eisenbeile die geläufige Kampfwaffe, doch handelt es sich hier meist um Lappenbeile oder Beile mit rundlicher Tülle, die mit unseren schweren Äxten nichts zu tun haben. Auch das große Messer scheidet als Kampfwaffe aus. In den Gräbern der Frühlatènezeit, in denen diese Messer häufig sind, liegen sie in der Regel bei den Fleischbeigaben und weisen sich schon dadurch als Schlachtmesser aus.

Da Geräte des Alltags normalerweise nicht in die Gräber mitgegeben werden, müssen Axt und Messer, ergänzt durch die beiden anderen Geräte unbekannter Funktion, besondere Bedeutung gehabt haben, d. h. so eng mit dem Schlachtvorgang an vornehmen Höfen verbunden gewesen sein, daß sie als seine Zeichen oder Repräsentanten angesehen wurden. In diesen Zusammenhang gehören auch große eiserne Bratspieße und Feuerböcke, die sich manchmal in Hallstattgräbern finden. Sie sind vom Süden beeinflußt oder von dort

importiert worden und zeigen, daß ihr Besitzer gehobene Eßgewohnheiten hatte. Die Mitgabe von Speisen in Gräber ist in der späten Hallstattzeit eigentlich nicht mehr üblich. Fleischbeigaben sind zu den verschiedensten vorgeschichtlichen Epochen seit der jüngeren Steinzeit immer wieder einmal zu beobachten, und auch in der älteren Hallstattkultur können wir diese Grabsitte häufig feststellen. In der jüngeren Hallstattzeit ist sie dagegen fast vollständig verschwunden: Fast in keinem der Fürstengräber finden wir Tierreste, die wenigen Ausnahmen beschränken sich auf die ältesten dieser Gräbergruppe, und auch in Hochdorf fehlen sie. Die Speisegeschirre selbst werden ebenfalls seltener, während auf ein mehrteiliges, den südländischen Gepflogenheiten entsprechendes Trinkservice größter Wert gelegt wird. Eine absolute Besonderheit des Hochdorfer Grabes ist indes die Ausstattung für einen Kreis von neun Personen, zu dem mit dem aufwendigen Eisentrinkhorn auch der bestattete Keltenfürst gehört. Da Vergleichsbeispiele völlig fehlen, lassen sich hierüber nur Spekulationen anstellen. Immerhin ist sicher, daß diese Ausstattung auch tatsächlich im Leben gebraucht wurde, da einige Stücke Flickungen aufweisen. Eigentlich liegt es am nächsten, in diesen Personen einen Kreis zu sehen, der mit dem Toten nicht nur durch kultische, zeremonielle oder politische, sondern auch freundschaftliche Bande verbunden war – einen festgelegten Kreis von Personen, ähnlich der sagenhaften Tafelrunde des Keltenkönigs Artus. Neben aller kultischen oder höfischen Bindung und trotz des durch die festgelegten Grabsitten vorgegebenen Filters, durch die unsere archäologischen Erkenntnisse eingeschränkt und verfälscht werden können, besitzt das Hochdorfer Grab so viele abweichende Besonderheiten, daß hier sicherlich auch persönliche Eigenschaften und Vorlieben durchscheinen. Ob in diesem Zusammenhang die Zahl neun von Bedeutung ist, läßt sich kaum beurteilen. Die Dreizahl spielt ja in der späteren keltischen Kultur ein große Rolle, doch sollte man solche Überlegungen nicht überstrapazieren, zumal eindeutige Aussagen hier unmöglich sind.

Tafel 41
Das linke Vorderrad des Wagens nach der Restaurierung.

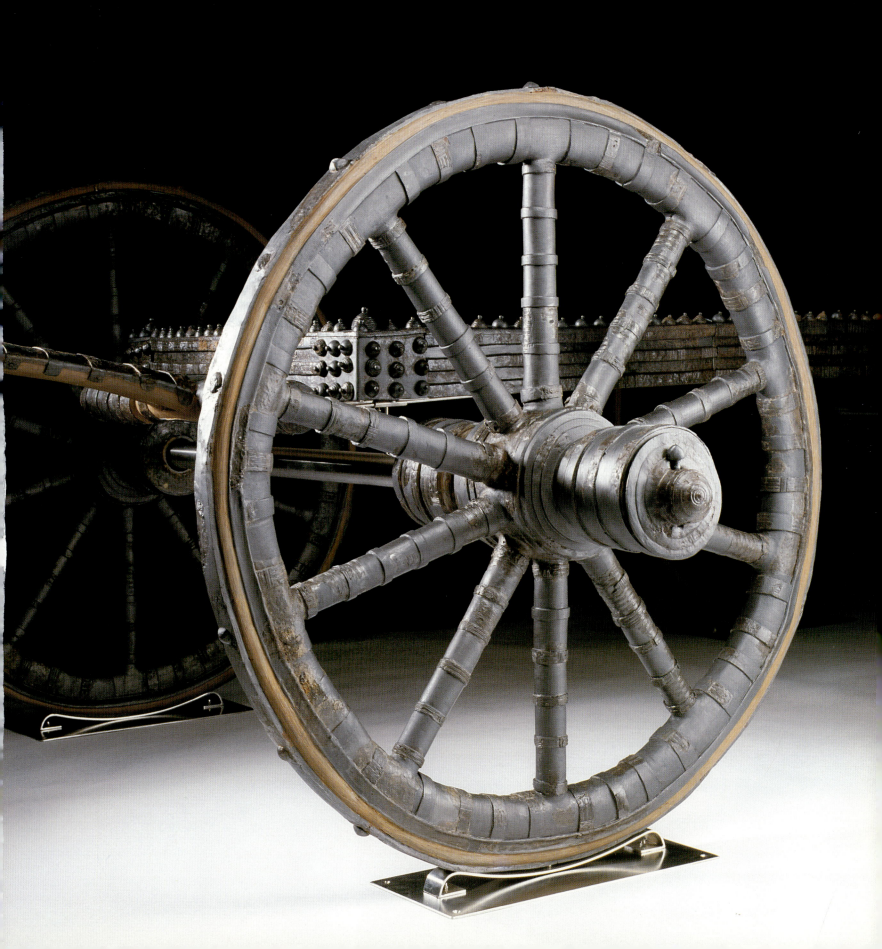

Tafel 42/43   Der Wagen von Hochdorf.

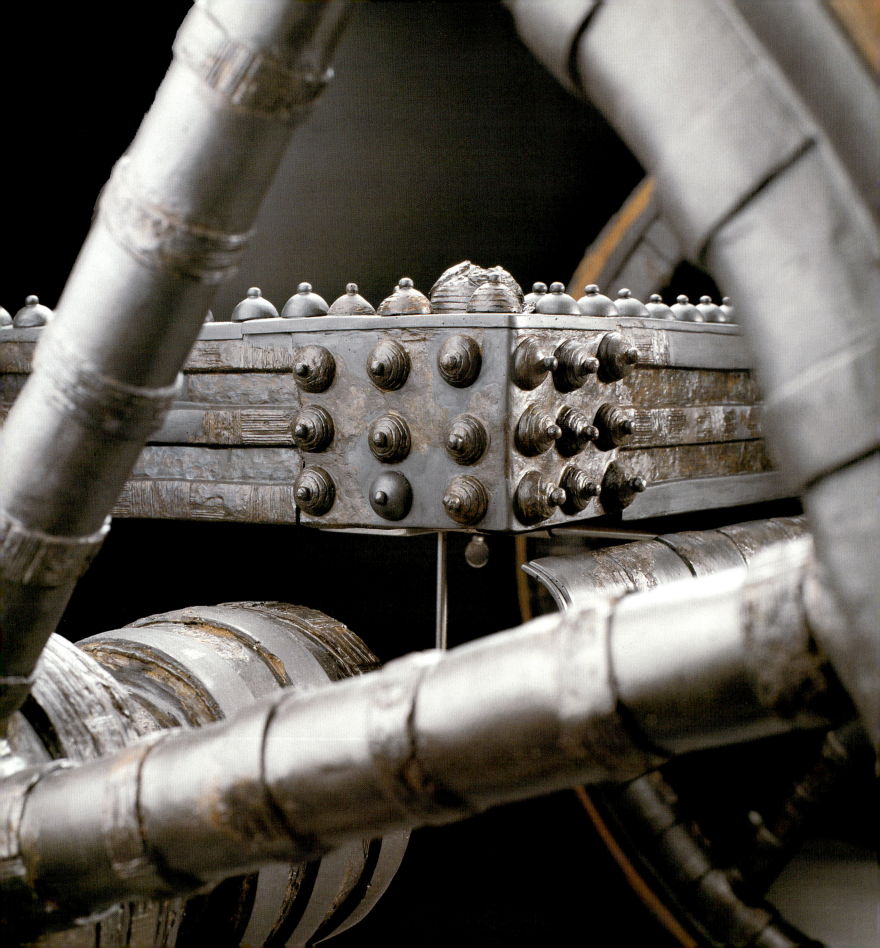

Der Wagen

Der letzte, nun zu besprechende Beigabenkomplex ist der vierrädrige Wagen mit dem zugehörigen Schirr- und Zaumzeug für die beiden Zugpferde, die selbst nicht mit in das Grab gegeben wurden.

Es gibt kaum ein Fürstengrab mit Goldhalsring, das keinen Wagen enthält. Die einzigen Ausnahmen sind die beiden im Oberrheintal liegenden Gräber von Hatten und Ensisheim, die beide nicht gerade systematisch untersucht wurden, sowie drei Gräber in den Hügeln bei der Heuneburg, über deren Lage im Hügel man gerne näheres wissen würde. Die Sitte, vierrädrige Wagen mit ins Grab zu geben, ist jedoch älter und nicht auf den Kreis der Fürstengräber beschränkt. Im östlichen Hallstattbereich treten sie schon in der älteren Hallstattkultur auf (Abb. 76), um dann mit dem Beginn der jüngeren Hallstattzeit auch Südwestdeutschland und die Schweiz zu erreichen. Hier finden wir sie vor allem im Bereich der Schwäbischen Alb und im Schweizer Mittelland, doch dürften diese Konzentrationen forschungsgeschichtlich bedingt sein, da in den entsprechenden Gebieten besonders viele Hügel untersucht worden sind. Sie gehören meist in einen frühen Abschnitt der jüngeren Hallstattzeit, während sie sich später mehr und mehr, aber nicht ausschließlich, auf die Fürstengräber konzentrieren. Aus der Schicht dieser mit Wagen Bestatteten dürften sich auch die Geschlechter emporgehoben haben, die dann ihre Macht ausbauten und an Fürstenhöfen konzentrieren konnten. Wie die Dolche scheinen auch die Wagen Symbole eines bestimmten, mit einer fest umschriebenen Machtfunktion ausgestatteten Personen-

kreises gewesen zu sein. Diese vierrädrigen Wagen werden in der Frühlatènezeit durch die Beigabe zweirädriger Streitwagen abgelöst, die sich in den reichen Bestattungen am Mittelrhein, in der Champagne und auch in Böhmen finden, während sie in der Zone der früheren hallstattzeitlichen Fürstengräber fehlen (Abb. 76).

Von diesen Wagen sind in der Regel nur die verschiedenen Beschlagteile aus Eisen und Bronze erhalten. Es ist anzunehmen, daß auf alle Räder eiserne Reifen aufgezogen waren, so daß mit Wagen, die archäologisch nicht nachweisbar sind, d. h. solchen, die vollständig aus Holz gebaut waren, kaum zu rechnen ist. Der Umfang und der Reichtum dieser Metallbeschläge bestimmen auch die Rekonstruktionsmöglichkeiten für den Aufbau der hölzernen Wagenbestandteile, auf denen diese Beschläge angebracht waren. Sie reichen von einfachen eisernen Reifen über Naben- und Speichenverkleidungen und Felgenbeschläge bis zu Verzierungen und Aufbauten des Wagenkastens. Nur in seltenen Fällen waren bei Ausgrabungen noch originale Holzteile oder in situ liegende Holzreste oder -spuren erhalten. Für Rekonstruktionsversuche sind diese Befunde besonders wichtig.

Bei dem Wagen von Hochdorf waren die Räder, die Deichsel und der Wagenkasten fast vollständig mit verziertem Eisenblech überzogen, so daß seine Außenhaut in großen Partien überliefert ist. An der Innenseite der Bleche hat sich das Holz abgedrückt, so daß hier Details der Konstruktion abgelesen werden können, während die Holzsubstanz selbst weitgehend vergan-

◁ Tafel 44
Eine Ecke des Wagenkastens.

141

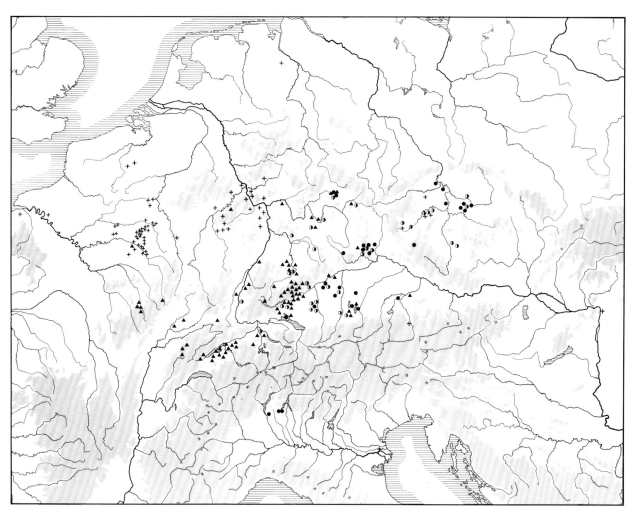

Abb. 76. Verbreitungskarte der Wagengräber der Hallstatt- und Frühlatènezeit.

gen ist. Trotzdem gelang es, von allen wesentlichen Teilen Holzartenbestimmungen durchzuführen, doch bleiben auch bei diesem Wagen noch einige Fragen offen. Die Restaurierung dieses 4,5 Meter langen Gefährts war außerordentlich mühevoll, zeitraubend und aufwendig, und ihr Ergebnis stellt eine Meisterleistung moderner Restauriertechnik dar (Taf. 42/43).

Beim Herunterbrechen der Kammerdecke wurde der ursprünglich knapp ein Meter hohe Wagen auf eine Schicht von höchstens fünf Zentimeter Dicke zusammengedrückt: Er lag auf dem Grabboden wie von einer Straßenwalze überrollt (Taf. 5b). Trotzdem sind auf dem Foto der Fundlage und auch im Grabplan (Abb. 32) bereits Einzelheiten zu erkennen: Der langrechteckige Wagenkasten, auf dem weitere Funde und die Bronzegeschirre liegen, wird in seinen Konturen durch lange Eisenbeschläge kenntlich, und auch die vier Räder mit Naben, Speichen, Felgen und Reifen zeichnen sich deutlich ab. Ebenso ist schon im Grabplan eindeutig erkennbar, daß die Räder stehend, also am Wagen montiert und nicht etwa auf dem Boden liegend (vgl. Abb. 1), zusammengebrochen sind. Dies gilt nicht nur für die zwischen Wagenkasten und östlicher Kammerwand eingeklemmten Räder, sondern auch für die freistehenden an der Westseite des Wagens. Die lange, ebenfalls mit Eisenblech überzogene Deichsel reicht bis an die südliche Kammerwand und hat keinen besonderen Abschluß, sondern ist gerade abgeschnitten. Beim Einbruch der Kammerdecke, der schon wenige Jahre nach der Bestattung erfolgte, war das Holz des Wagens noch recht gut erhalten. Deshalb wurde der Wagen zunächst in seine Einzelteile zerschlagen, die Räder waren noch so massiv, daß sie in die heruntergebrochenen Steinmassen hineinragten. Das Eisenblech oxydierte dann weiter und wurde bei den folgenden Setzungserscheinungen, als auch der Holzdurchschuß der Kammerüberdeckung langsam verrottete und einzelne Steinblöcke tiefer sackten, in kleine Stücke zerbrochen und auch teilweise zu Grus zermahlen. Deshalb ist ein recht beträchtlicher Anteil des Eisenblechs in winzige Stücke zerscherbt oder überhaupt verschwunden, so daß bei der Restaurierung besonders der Räder viele Lücken ergänzt werden mußten.

Jedenfalls war der Wagen in Tausende von Einzelbruchstücken zerscherbt, so daß nur eine en-bloc-Bergung in Frage kam. Zunächst wurden die vier Räder, die Deichsel und auch der Wagenkasten jeweils einzeln eingegipst. Während diese Art der Bergung bei den Rädern und der Deichsel keine besonderen Schwierigkeiten bereitete, ergab der Wagenkasten ein 2,20 m langes und 80 cm breites Gipspaket, das etwa 750 kg wog.

Beim Eingipsen wird die Oberfläche des Gegenstandes zunächst mit Papier abgedeckt, um einen Kontakt und damit eine Verschmutzung durch das Gipsmaterial zu verhindern. Dann wird die Erde ringsum abgestochen, um einen Gipsmantel mit einer gewissen Unterschneidung nach unten anbringen zu können. Mit Gipsbinden oder bei größeren Gegenständen wie dem Wagenkasten auch auf Textil aufgebrachtem Stukkateurgips werden dann die Oberfäche und die Seiten des Gegenstandes überfangen und wie ein gebrochenes Bein fixiert. Die Schwierigkeit bei großen, schweren Gegenständen ist nun, das Ganze von der Unterlage bzw. dem anstehenden Boden abzulösen, um das Gipsbett umdrehen zu können. Es wird möglichst tief umstochen und auch so weit wie möglich untergraben, weil eine einheitliche Abreißfläche im Boden geschaffen werden muß. Bei einer Fläche von fast zwei Quadratmetern wie bei dem Wagenkasten ist dies außerordentlich schwierig – wir behalfen uns damit, daß wir in kurzen Abständen Eisenstangen quer unter dem Fund durchschlugen, die die eingegipsten Bodenpartien mit allen darauf liegenden Funden beim Umdrehen festhielten (Abb. 31). Danach wurden sie entfernt, damit sie beim späteren Röntgen nicht störten, und durch ein einfaches Holzgerüst ersetzt, um alles zu stabilisieren. Dieser sperrige, schwere Block, der alle Funde in Originallage enthielt, konnte nun aus dem Grab gehoben und abtransportiert werden. Der einzige Nachteil dieser Methode ist, daß man vom fertig freigelegten Grab kein sauberes Gesamtbild anfertigen kann, da die einzelnen Gegenstände nur so weit abgedeckt werden, daß sie in ihrer Lage einwandfrei festgehalten werden können (Abb. 5), und dann nacheinander geborgen

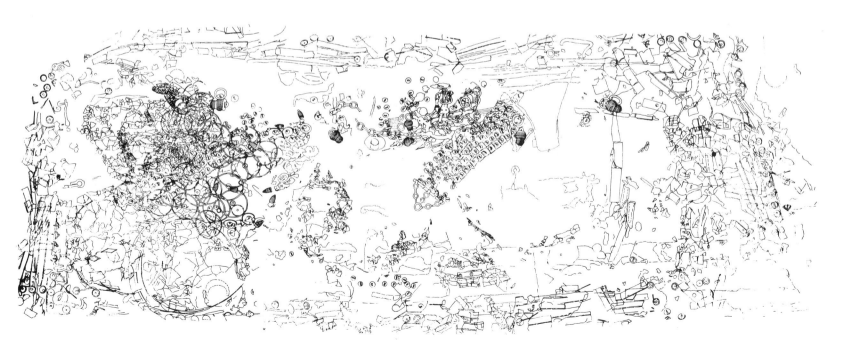

Abb. 77. Umzeichnung der Röntgenfotos vom Wagenkasten mit den darauf liegenden Funden.

143

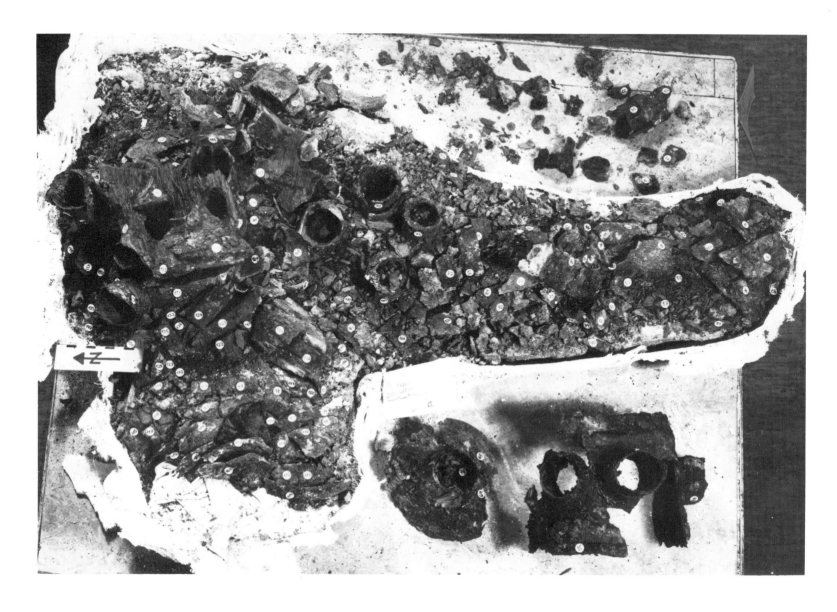

werden. Da überdies beim Eingipsen der Boden der Grabkammer im Bereich der zu bergenden Gegenstände entfernt werden muß, ergeben sich auch Lücken im Gesamtfoto des Grabbodens (Taf. 2a). Solche Gipspakete werden zunächst geröntgt, denn im Röntgenbild zeichnen sich alle metallischen Funde sehr deutlich ab und können so für die Dokumentation in ihrer Lage festgehalten werden. Bei dem dicken Gips- und vor allem Erdpaket des Wagenkastens war ein besonders starkes Röntgengerät erforderlich, um diese kompakten Schichten durchdringen zu können. Ein solches Gerät, mit dem normalerweise Schweißnähte von Stahlrohren geprüft werden, stand in der Materialprüfungsanstalt der Universität Stuttgart zur Verfügung. Es lieferte Fotos, die die zahllosen Metallsplitter des Wagenkastens und die vielen auf ihm liegenden Funde, etwa die Bronzeschmuckscheiben der Zaumzeuge oder die bronzeverzierten Bänder des Jochs, festhielten. Die Durchzeichnung dieses Röntgenbilds (Abb. 77) stand dann als Grundlage für die weitere Untersuchung des Wagenkastens zur Verfügung. In sie konnten die zahlreichen organischen Reste und weitere Funde eingezeichnet werden. Die Freilegung und Bergung der Gegenstände auf dem Wagen nahm – wie die Untersuchung der Klinenauflage – etwa ein Jahr in Anspruch.

Abb. 78. Das linke Vorderrad des Wagens nach dem Öffnen des Gipses.

Der Wagen selbst, vor allem die Räder, war in einem desolaten Zustand. Nach dem Öffnen des Gipses bot sich ein entmutigendes Bild (Abb. 78): Hunderte von Splittern, meist sehr klein zerbrochen, und nur wenige Teile so weit erhalten, daß sie von vornherein etwa als Naben- oder Felgenteile angesprochen werden konnten. Aus diesem Gewirr galt es nun die Form der Räder wiederherzustellen und ein anschauliches Exponat zu schaffen. Glücklicherweise bereitete die Konservierung des Eisens, eines der großen ungelösten Probleme der Restaurierung, in diesem Fall keine Schwierigkeiten, da die Eisenbleche völlig durchoxydiert und damit chemisch stabil waren. Nur an einigen dickeren Stellen hat sich Eisen erhalten, so daß der restaurierte Wagen in einer mit neutralem Gas gefüllten Vitrine ausgestellt werden muß, um ihn von Sauerstoff abzuschließen.

Zunächst mußte die fein verzierte Oberfläche des Blechs freigelegt werden, was in den Oxydschichten natürlich ein sehr schwieriges und delikates Unterfangen war. Das Eisenblech ist nämlich überall mit feinsten Mustern verziert (Abb. 79 und Taf. 44). Durch Einfeilen von Flächen hat man leicht hervorragende Rippen und Rippengruppen geschaffen – eine sehr viel aufwendigere Arbeit, als Muster einzupunzen oder einzuschlagen. In dieser Weise sind sämtliche Teile des Wagens verziert, die nun mechanisch freigeschliffen werden mußten. Gleichzeitig wurden sie schon aneinandergelegt oder zusammenpassende und in ihrer Lage festgehaltene Teile provisorisch zusammengefügt, so daß die Form der zehnspeichigen Räder mit ihren mächtigen Naben langsam erkennbar wurde (Abb. 80). Das Zusammensetzen eines Rades nahm etwa ein halbes Jahr in Anspruch. Da vier identische Räder vorlagen, bereitete die Rekonstruktion ihrer Außenhaut wie ihrer inneren Holzkonstruktion in Form, Abmessung und Bauweise keine großen Schwierigkeiten. Einige Teile, besonders der Reifen, waren so stark verzogen, daß sie nicht mehr in das Original eingebaut werden konnten. Die Holzabdrücke auf den Innenseiten der Bleche wurden dokumentiert, bevor sie beim Zusammensetzen wieder verdeckt wurden.

Die Probleme des Freilegens der Oberfläche traten auch bei der Deichsel und vor allem bei den Seitenbeschlägen des Wagenkastens auf, doch war hier das Zusammensetzen einfacher, da der Wagenkasten fast vollständig erhalten ist. Die Deichsel weist allerdings viele Fehlstellen auf.

Die vier Räder sind, abgesehen von sekundären Verziehungen und kleinen Unregelmäßigkeiten, wie bereits erwähnt, identisch (Taf. 43/44). Sie haben einen Durchmesser von 89 cm, die Naben mit Kappen eine Länge von 50,5 cm. Mit Ausnahme einer Zone zwischen Felge und Reifen sind sie vollständig mit Eisen überzogen. Die eisernen Reifen sind 3,5 cm breit, 0,5 cm dick und haben leicht umgeschlagene Ränder, die auf das Holz der Felge übergreifen. Mit großköpfigen, unregelmäßig rechteckigen Nägeln sind sie im lockeren Abstand von 14 cm an der Felge befestigt. Jeder zweite Nagel sitzt in einer Speiche. Daß die Felge nicht vollständig mit Eisen überzogen ist, hat den einfachen Grund, daß so bei Abnutzungserscheinungen Reparaturen leichter durchzuführen waren.

Die Felge ist aus einem 2,8 m langen Holzspan gearbeitet und unter Dampf zu einem Rund gebogen worden. Georg Kossack, der sich eingehend mit Pferd und Wagen beschäftigt hat, konnte diese Konstruktion an zahlreichen Wagen der Hallstattzeit beobachten, meist kombiniert mit einer äußeren Segmentfelge, die

Abb. 79. Die Verzierung auf den Eisenbändern des Wagenkastens.

Abb. 80. Das Restaurieren eines Rades.

von der inneren Felge gegen den Reifen gedrückt wird. Die Felgenbeschläge bestehen aus 20 Einzelteilen. Dort, wo die Speichen in die Felge eingezapft wurden, sind sie zwischen sieben und acht Zentimeter lang und, wie an der Nabe, mit Ansatzstutzen für die Speichen getrieben, dazwischen ist jeweils ein längeres Stück eingefügt. Über den Fugen sitzen verzierte Klammern, die mit kleinen Nägeln im Holz befestigt sind; zwei weitere solcher Zwingen sind auch auf den längeren Zwischenstücken befestigt. An diesen Felgenblechen hat sich das Holz abgedrückt, das meist streng parallel zur Felgenrundung, an einigen Stellen, wo die

beiden flach ausgezogenen Enden des Holzspans über-
einandergreifen, jedoch nach außen verläuft. Diese
Stellen wurden zusätzlich durch einen Reifennagel gesichert. An ihnen kann man auch beobachten, daß die
Speichen nur etwa bis zur Hälfte in das Holz der Felgen eingezapft waren. Nach den von Udelgard Körber-Grohne vorgenommenen Bestimmungen handelt
es sich bei den Felgen der Vorderräder um Esche, bei
denen der Hinterräder um Ulme. Die runden Speichen
sind konisch und verjüngen sich von 4,6 auf 3,8 cm.
Die 26 cm langen Blechröhren sind aus einem Stück
zusammengebogen und von jeweils sechs verzierten
Zwingen umklammert, die reine Schmuckfunktion besitzen. An einigen Stellen konnte Kupferlötung beobachtet werden. Die Speichen sind aus Ahorn- und
Ulmenholz gefertigt. Die 46 cm langen, mächtigen
Naben hatten nur 5 cm starke Achsen zu halten. Sie
haben einen Durchmesser bis zu 17,8 cm und einen
durch einen schmäleren Nabenhals abgesetzten, breiteren Nabenkopf. Auch sie tragen aufgenagelte verzierte Bänder. Auf der Außenseite hält eine profilierte
Nabenkappe mit einem durchgesteckten Nagel das
Rad auf der Achse. Diese Achsvorstecker sind, wie das
Röntgenbild deutlich erkennen läßt, gefedert, d. h. umgeschlagen, um so eine Federwirkung zu erzielen. Die
Naben sind aus Ulmenholz gefertigt, und zwar hat
man, um Verziehungen zu vermeiden, aus verschiedenen zusammengedübelten Holzlagen einen Block geschaffen, der dann wohl auf der Drehbank in die
gewünschte Form gebracht wurde. Dies wird nicht nur
am Verlauf der Jahrringe deutlich, sondern auch an
den Dübeln, von denen sich die Löcher oder auch
Holzsubstanz erhalten haben. Um den recht schweren
Wagen in die 2,40 m tiefe Kammer zu schaffen, hat
man ihn offensichtlich in seine Einzelteile zerlegt, d. h.
zumindest die Räder, wahrscheinlich auch die Deichsel abgenommen. Dann wurden die Räder wieder auf
die Achsen gesteckt und auch die Nabenkappen aufgeschoben, während man die Achsvorstecker zusammen
auf den Wagen gelegt hat. Auch die Radkappe des
nordwestlichen Rades lag auf dem Wagenkasten,
überdeckt von einem Bronzeteller, so daß man kaum
eine sekundäre Verlagerung während des Kammerein-
bruchs annehmen kann. Daß Achsvorstecker neben
der Nabe lagen oder überhaupt fehlten, ist mehrfach
beobachtet worden. Auch im Hochdorfer Grab konnten sie erst verhältnismäßig spät und eindeutig nur

durch den Einsatz des Röntgengeräts identifiziert werden, was etwas zur Vorsicht bei Interpretationen mah-
nen sollte. Es gibt natürlich auch ganz klare Beispiele
dafür, daß Wagen völlig zerlegt ins Grab gestellt
wurden, wie etwa in Vix, wo die vier Räder nebeneinander an die östliche Kammerwand gelehnt waren
(Abb. 6).
Der Wagenkasten ist seitlich mit Eisenblechstreifen
verkleidet, und der obere Rand trägt eine eiserne
Deckleiste, auf die profilierte Eisenblechhalbkugeln in
dichter Reihe aufgenagelt sind. Sie sitzen auch auf
den großen Blechbeschlägen an den vier Ecken des
Kastens (Taf. 44). Der Wagenkasten ist 1,71 m lang,
68 cm breit und 8,5 cm hoch. Die seitlichen Bleche
bestehen aus fünf unterschiedlich breiten Eisenbändern, die im Wechsel erhaben bzw. vertieft montiert
und mit den gleichen eingefeilten Verzierungen wie die
Räder und die Deichsel geschmückt sind (Abb. 79).
Die Eckbleche sind, von oben gesehen, dreieckig aus-
geschnitten und kragen, wie auch die Seitenbleche,
leicht nach innen über. Diese Überkragung führt jedoch nicht senkrecht nach unten, sondern leicht
schräg in das Wageninnere. Sehr interessant sind nun
die an den Eckbeschlägen erhaltenen Holzspuren,
denn sie geben uns genauen Aufschluß über die Konstruktion des Wagenkastens und Hinweise auf die
Bauart des Wagens überhaupt. An den Seitenteilen ist
erkennbar, daß die Hölzer nicht, wie bisher angenommen, brettartig dünn waren, sondern daß es sich um
ziemlich dicke Ulmenbalken handelte, die unten auf
den beiden Längsseiten des Kastens 5,5 cm, an der
Vorderseite 6,5 cm und der Rückseite 6 cm breit und
insgesamt 8,5 cm hoch waren. An den Ecken sind sie
durch zwei sauber ausgestemmte Zapfen miteinander
verbunden und von oben zusätzlich durch einen
Holzsplint gesichert. Diese Balken verjüngen sich nach
oben zu der nur 3 cm breiten Deckleiste aus Eisen mit
den Hohlkugeln aus Blech. Der Wagenkasten bildet
somit einen stabilen Holzrahmen, an dem die Achsen
ohne zusätzliche Längsstreben, eine Langfuhr oder
Wagenbaum, befestigt werden konnten. Der Boden
des Wagenkastens besteht nicht aus Brettern, wie dies
bei einigen anderen Wagen beobachtet wurde, sondern aus dünnen, in Längsrichtung aneinandergeleg-
ten runden Eschenstangen, die nur wenige Zentimeter
stark und wohl in Schrägrichtung mit Leder oder
Zweigen miteinander verflochten waren. Sie bildeten

147

einen leicht federnden Boden, wie er vor allem bei den späteren zweirädrigen Streitwagen häufiger festgestellt wurde. Wie sie im Wagenkasten befestigt waren, ist noch unklar, auch hatten sie sich nur an wenigen Stellen erhalten. Insgesamt handelt es sich also um einen sehr stabilen, kompakten Rahmen mit leichtem federndem Boden, der ein wenig wannenförmig wirkt und mit 8,5 cm Höhe sehr niedrige Seitenwände hat. Aufbauten waren mit Sicherheit nicht vorhanden, denn es fanden sich keinerlei Hinweise – zudem war praktisch der gesamte Wagenkasten mit Beigaben belegt.

Die Deichsel ist ebenfalls in allen Details der Konstruktion gesichert, da auch sie ursprünglich fast vollständig mit Eisenblech überzogen war, das allerdings sehr schlecht erhalten ist und an vielen Stellen ergänzt werden mußte. Es handelt sich jedoch um die einzige Deichsel, die uns vollständig überliefert ist – die meisten Wagen scheinen ohne oder zumindest mit abgenommener Deichsel beigegeben worden zu sein, weil sie montiert nicht in die Grabkammer paßte. Die Größe und der vorgesehene Standort des Hochdorfer Wagens scheinen die Maße dieser Grabkammer bestimmt zu haben (Abb. 32). Die Deichsel ist 2,38 Meter lang und hat einen fast spitzovalen, flachen Querschnitt, der sich von der Spitze mit einer Breite von 7,2 cm auf 15,8 cm am Wagen erweitert. Ihre Dicke beträgt um 5 cm. Das Eisenblech greift auf die Unterseite nur über, läßt sie aber offen, so daß hier das Holz herausschaut. Es handelt sich um nicht näher zu bestimmendes Holz von Apfel- oder Birnbaum, Weißdorn, Speierling oder Elsbeere, wobei die letzteren wahrscheinlich ausscheiden, da sie kaum so starke Äste bilden. Die Spitze der Deichsel ist nicht erhalten, doch war kein besonders gestaltetes Ende zu erkennen, auch keine Eisenkappe, die sie vorne abschloß, ebenso fehlt eine Befestigungsvorrichtung für das Joch. Sie ist in mehr oder weniger regelmäßigen Abständen mit verzierten Eisenbändern umgeben, die auf der Unterseite an das Holz genagelt sind. Gegen den Wagen zu endet die Deichsel in einer Rolle aus Holz, die ebenfalls mit Blech überfangen ist. Sie ist in zwei wiederum mit Blech verzierte seitliche Scharniere eingesetzt, die außen in kleinen abnehmbaren Kappen enden. Diese halten eine dünne Achse fest, die durch die Deichselrolle führt und sie festhält, so daß die Deichsel über sie nach oben und unten bewegt werden konnte. Es handelt sich also nicht um eine gegabelte Deichsel, wie auf der Kline dargestellt (Abb. 54 und Taf. 25), sondern um eine etwas andere Konstruktion, die im Prinzip aber ganz ähnlich ist. Die soweit beschriebenen Teile sind bis auf unerhebliche Details klar zu rekonstruieren und werfen keine weiteren technischen Fragen auf. Wie bei allen bisherigen Versuchen einer Wagenrekonstruktion bleibt jedoch auch bei dem Hochdorfer Gefährt die Verbindung dieser drei Elemente – Räder, Wagenkasten und Deichsel – miteinander etwas unklar, weil die entsprechenden Hölzer nicht oder nur teilweise erhalten waren. Von den zahlreichen bisher vorgeschlagenen Rekonstruktionsversuchen scheint jedoch derjenige Stuart Piggotts am zutreffendsten zu sein (Abb. 81), während andere schon aus simplen technischen Gründen völlig abwegig sind. Es ist die Frage nach dem Vorhandensein und der Konstruktion eines Unterbaus und eines Drehschemels, die Frage also, ob diese Wagen eine drehbare Vorderachse hatten. Diese würde eigentlich voraussetzen, daß der Wagenkasten so weit von den Achsen abgehoben ist, daß die Räder beim Einschlagen unter ihm Platz haben, da sie sonst schon bei einem Winkel von 20 Grad an ihn anstoßen würden. Doch erlaubt dieser Winkel beim Hochdorfer Wagen immerhin einen Wendekreis unter zehn Meter, was völlig ausreichend erscheint. Leider ist bei diesem Wagen die vordere Partie weitgehend zerstört, weil die Deichsel beim Kammereinbruch weit unter den Wagenkasten geschoben wurde

Abb. 81. Rekonstruktion eines Hallstattwagens nach S. Piggott.

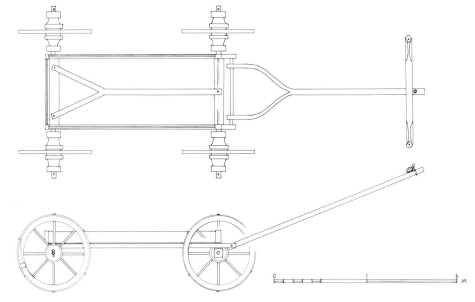

Tafel 45   Das restaurierte Joch.

Tafel 48   Die Lederbänder und Bronzeteile des Jochs.

Vorhergehende Seiten:

Tafel 46   Die Bronzepferdchen vom Joch.

Tafel 47   Der Kettenverteiler vom Joch.

und deshalb auch etwaige Holzbefunde völlig verworfen sind. Hinweise auf einen Drehschemel sind nicht vorhanden, auch ein Eisen- oder Holzdrehpunkt für die Deichsel ist nicht erhalten. Anzeichen dafür gibt es jedoch bei dem Wagen aus dem Hohmichele, dem von Bell im Hunsrück und dem von Vix. Auf diese Fragen ist am Hochdorfer Wagen jedenfalls bisher keine Antwort zu finden. Auch für eine Langfuhr oder einen Wagenbaum, der die beiden Achsen zusammenhält, sind keinerlei Hinweise vorhanden, obwohl solche Konstruktionen, die bei verschiedenen Wagen auch in Eisen ausgeführt sind, auf zahlreichen Wagendarstellungen, so auch auf der Hochdorfer Kline, deutlich zu erkennen sind. Der Wagenkasten von Hochdorf war jedoch so stabil, daß er die beiden Achsen gut zusammenhalten konnte und eine Langfuhr nicht notwendig war. Wie sie an ihm befestigt waren, ist ebenfalls noch unklar, jedenfalls sitzen die Achsen kurz vor den Enden des Kastens, wie dies auch auf allen Darstellungen der Hallstattzeit gezeigt wird. Unter der Rückseite des Wagenkastens ist auf der ganzen Breite eine an eine Dachrinne erinnernde Blechverkleidung angebracht, die im Durchmesser dem der beiden Deichselscharniere entspricht und deren Funktion noch unklar ist, obwohl sie bei vielen Wagen beobachtet wurde.

Der insgesamt mindestens 4,50 Meter lange Wagen von Hochdorf (Taf. 42/43) ist jedenfalls – besonders nach seiner Restaurierung – ein außerordentlich beeindruckender Fund. Die ungemein aufwendig und fein verzierten Eisenbleche, die ihn fast vollständig bedecken, stellen eine ungeheure Arbeitsleistung dar und zeugen vom hohen technischen Können der frühkeltischen Eisenschmiede. Sie sind viel schwieriger herzustellen als Bronzeblechüberzüge, die wegen ihrer besseren Erhaltung heute oft eindrucksvoller wirken. Der Hochdorfer Wagen wurde, wie alle übrigen, von zwei Pferden gezogen, doch hat man im Westhallstattkreis die Tiere nie ins Grab gegeben. Wir finden sie in großer Zahl in den Skythengräbern Rußlands von Sibirien bis zum Schwarzen Meer und mit dem bekannten Grab von Szentes-Vekerzug in Südostungarn vereinzelt auch noch in diesem Gebiet, während diese Beigabensitte weiter westlich ungewöhnlich bleibt. Dagegen liegen in den Wagengräbern in der Regel Zaumzeuge für zwei Pferde und meist auch ein Doppeljoch aus Holz, soweit dies archäologisch faßbar ist. Wegen der vielfach ungenügenden Beobachtungen bei älteren Grabungen und der äußerst lückenhaften Fundüberlieferung sind gültige Aussagen in diesem Bereich noch kaum möglich. Die Zuweisung einzelner Metallteile zu bestimmten Teilen der Schirrung und des Zaumzeugs muß deshalb problematisch bleiben. Auf dem Wagen des Hochdorfer Grabes hatte man ein Doppeljoch aus Holz, das reich mit Bronze und verzierten Lederbändern geschmückt war, ein mit Bronzephaleren besetztes Zaumzeug und einen Treibstachel niedergelegt. Alle diese Funde sind von höchstem Interesse, da sie bei der verhältnismäßig guten Erhaltung von Holz und Leder ausgezeichnete Rekonstruktionsmöglichkeiten bieten, die unter normalen Bedingungen nicht gegeben sind. Allerdings muß für eine detaillierte Beschreibung und Beweisführung auf die wissenschaftliche Publikation dieser Funde verwiesen werden, da sie im Rahmen dieser Beschreibung zu komplex wäre.

Das Doppeljoch aus Ahornholz lag in Nord-Süd-Richtung im Ostteil des Wagenkastens. Sein Mittelteil war auf einer Länge von 80 cm gut erhalten (Taf. 12a), während die beiden flach gewölbten Jochbögen beim Herunterbrechen der Kammerdecke zerdrückt wurden und sich nur als undeutliche Holzspuren erhalten haben. Das Joch ist etwa 1,20 m lang – seine beiden Enden werden durch hohl gegossene, gerippte Bommeln aus Bronze markiert. Das Mittelteil ist im Querschnitt dreieckig und reich mit Längsrippen und gekerbten Querleisten beschnitzt (Taf. 45). Durch aufgesetzte Bronzebänder in eingeschnittenen Vertiefungen und vor allem durch zwei kleine gegossene Pferdchen rechts und links der Mitte ist das Joch zusätzlich geschmückt. Die beiden vollplastisch gegossenen Tiere (Abb. 82 und Taf. 46) sind hervorragend gearbeitet – ihr Körper ist gut durchmodelliert, der kurze herun-

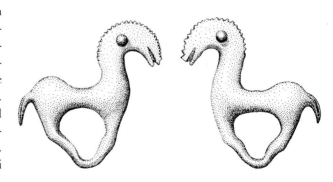

Abb. 82. Die Bronzepferdchen vom Joch. M. 1:1.

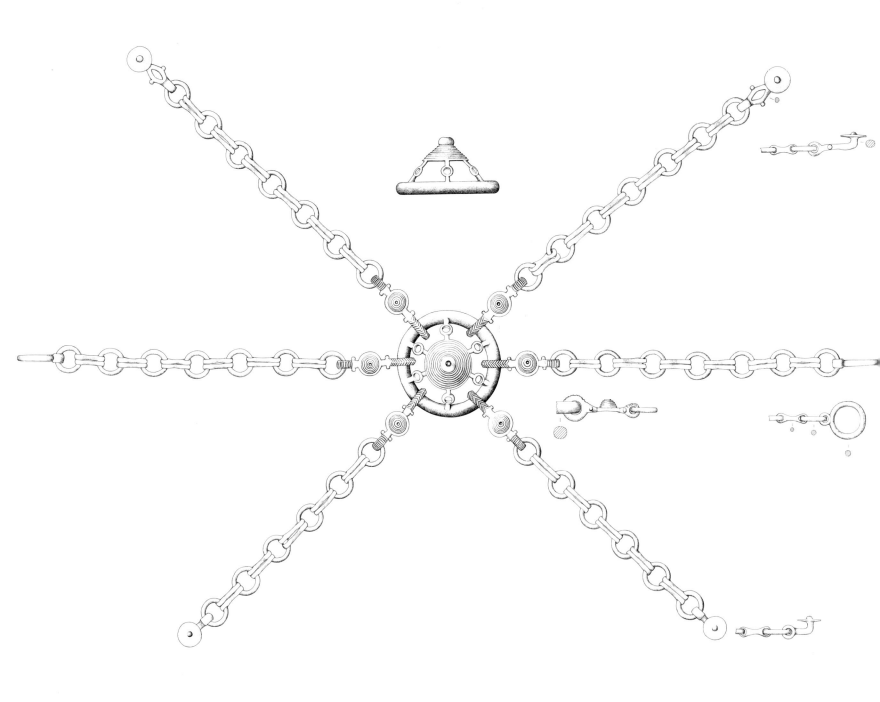

Abb. 83. Der bronzene Kettenverteiler vom Joch. M. 1:3.

terhängende Schwanz längs gerieft. Die nur 4 cm hohen Pferdchen mit flachem Kopf, gezackter Mähne, angedeutetem Maul und seitlich hervorstehenden Knopfohren sind mit sehr viel Liebe und Sorgfalt hergestellt und erinnern in ihrer stilistischen Ausprägung stark an die freilich viel größeren Tragefiguren der Kline (Taf. 29). Eine ganz ähnliche Pferdedarstellung liegt aus dem Gräberfeld von Hallstatt vor. Hier steht das Pferdchen auf dem Nacken eines Miniaturbeils aus Bronze, ist allerdings sehr viel gröber gearbeitet und sicherlich auch nicht in Hallstatt selbst hergestellt. Ähnliche Tierfiguren kennen wir aus der Nebenkammer des Römerhügels bei Ludwigsburg: vier kleine Vogelfiguren und ein Pferdchen mit abgebrochenem Reiter, die wohl ebenfalls auf einem Joch saßen, das auch durch ein großes Kettengehänge und einen messerförmigen Anhänger aus Bronze wie in Hochdorf (Taf. 48) belegt ist.

In die Mitte des Hochdorfer Jochs sind zwei tiefe Kerben eingeschnitten, die sich V-förmig von vorn nach hinten erweitern. Es ist die Führung für die Lederriemen, mit denen das auf der Unterseite flache Joch auf der ebenfalls fast flachen Deichsel festgezurrt wurde, wie es auch heute noch bei den Ochsenkarren in Asien üblich ist. Eine weitere Haltevorrichtung, etwa ein Holz- oder Eisensplint, ist nicht notwendig.

Etwas unklar ist die Funktion eines großen Kettenverteilers aus Bronze mit Koralleneinlagen. Dieses exzellent gearbeitete Stück lag bei der Auffindung über der Jochmitte (Abb. 83 und Taf. 12a), an seinem großen Ring war ein Lederriemen anoxydiert. Der Ring, den ein profilierter Aufsatz mit Koralleneinlage schmückt, hat einen Durchmesser von 8,7 cm und ist im Querschnitt einen Zentimeter stark. Mit gegossenen, reich profilierten und ebenfalls mit Koralle geschmückten Ringgliedern sind sechs Bronzeketten an ihm befestigt. Zwei dieser Ketten sind 28 cm lang und enden in Haken mit einer Scheibe, die wohl in den Schlitz eines Lederriemens eingehängt waren. Die vier anderen Ketten sind mit 33 cm etwas länger, zwei von ihnen enden in ähnlichen, länger ausgezogenen Haken, die beiden anderen in großen Ringen. Wahrscheinlich war dieser Kettenverteiler mit Riemen auf der Jochmitte festgebunden, um, am Zaumzeug eingehängt, die Köpfe der Pferde festzuhalten, vielleicht aber auch, um durch eingehängte Riemen dem auf dem Wagen stehenden Fahrer Halt zu geben. Eine solche Anordnung glaubt man jedenfalls in einer Wagendarstellung aus Rabensburg in Österreich zu erkennen (Abb. 84), in der auf der Jochmitte ein Ring mit vier Fortsätzen deutlich abgebildet ist. Solche Kettenverteiler oder einfache Ringe mit Ösen finden sich schon in den älteren böhmischen Wagengräbern mit Jochen, und auch in den Fürstengräbern sind sie häufiger zu beobachten. Beim Hochdorfer Joch fanden sich schließlich in teilweise stark verworfener Lage zwei große und zwei kleine, reich mit Bronzezwecken besetzte Lederbänder (Taf. 48). Sie bestehen aus sehr dickem Leder, in das die kleinen Bronzeblechzwecken mit ihren spitzen Enden eingeschlagen sind, während die größeren Bronzescheiben in Schlitzen eingenäht waren. Das Muster ist streng geometrisch, eine Quadratierung, die die größeren Blechscheiben einfaßt. Die großen Bänder sind 10,5 cm breit und 42 cm lang; ein Ende ist jeweils gerade abgeschnitten, während das andere ein Scharnier mit einem eingehängten Rahmen trägt, der, aus Bronze gegossen und gitterartig durchbrochen, in einem Ring endet. Die beiden schmäleren Bänder sind 21 cm lang und enden ebenfalls in kleineren, mit einem Scharnier befestigten Ringrähmchen. Diese Bänder lagen so, daß die Gitterrahmen vom Joch wiesen. Es dürfte sich demnach um die Bänder handeln, mit denen die Pferdehälse am Joch festgehalten wurden. Gegen eine reine Schmuckfunktion, wie sie heute in erstaunlicher Ähnlichkeit noch bei festlich geschmückten Brauereigäulen beobachtet werden kann (Abb. 85), sprechen die sorgfältig gearbeiteten Scharniere, die bei einfachen, herunterhängenden Bändern völlig unnötig wären.

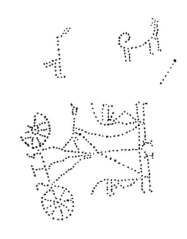

Abb. 84. Wagendarstellung auf einer Urne aus Rabensburg in Österreich (nach S. Piggott).

155

Abb. 85. Reich geschmückte Brauereigäule vom Cannstatter Volksfest.

Das Joch von Hochdorf ist also nicht nur ein einfacher Gebrauchsgegenstand, sondern entsprechend dem Wagen sehr sorgfältig und aufwendig mit Bronzeverzierungen geschmückt. Besonders bei den Jochen der älteren Hallstattkultur sind ähnlich aufwendige Verzierungen zu beobachten. Sie haben einen reich mit Bronze verzierten Lederüberzug und gegossene Schmuckplatten, während die jüngeren Joche nur noch in Ausnahmefällen so reich wie in Hochdorf geschmückt sind. In seiner Form dürfte es im wesentlichen einem in La Tène entdeckten Holzjoch entsprechen, das einige Jahrhunderte jünger ist.

Wie das Joch trugen auch die beiden Zaumzeuge reichen Bronzeschmuck. Sie waren nebeneinander auf den zusammengerollten Lederzügeln im Nordteil des Wagens niedergelegt worden, wobei beide Kopfteile nach Norden wiesen und die Eisentrensen im Süden

Abb. 86. Anordnung des Zaumzeugs an einem Pferdekopf.

lagen. Durch die konservierende Wirkung der zahlreichen Bronzeschmuckscheiben hatten sich die Lederriemen wenigstens teilweise erhalten (Taf. 12b) und ließen noch viele Details erkennen. Die Metallteile hatten sich schon im Röntgenbild abgezeichnet, beim sorgfältigen Freilegen und Abnehmen konnten dann die Leder- und Holzteile in den Plänen nachgetragen werden. Die Zaumzeuge wurden in 13 Schichten abgehoben, und die Zusammenzeichnung in durchscheinenden Bildern führte über die Nachbildungen mit Papierstreifen zu einer gesicherten Rekonstruktion der Lederteile mit ihrem Bronzebesatz (Abb. 86). Das Halfter ist sehr einfach aufgebaut: Ein mit dickem Bronzedraht umwickelter Riemen hält es hinter den Ohren fest. Auch vor den Ohren läuft ein Riemen quer über den Schädel, an dem zwei seitlich über die Wangen und ein – konstruktiv unnötiger – über den Nasenrücken zum Maul führender Riemen befestigt sind, die wiederum von einem Querriemen zusammengehalten werden. Auf diese Riemen sind bei jedem Halfter insgesamt 16 große und acht kleine Bronzeblechscheiben aufgesetzt. Die unverzierten, nur seitlich profilierten Scheiben haben in der Mitte einen Bronzeniet, der eine Eisenblechlasche mit einem durchlaufenden Lederriemen hält. Schmale Eisenblechstreifen sichern die Riemenkreuzungen zusätzlich. Die beiden Eisentrensen sind gegen das Herausrutschen aus dem Maul seitlich durch große halbkreisförmige, mit Bronzeblech umwickelte Holzknebel gesichert, die in gegossenen, profilierten Bronzeknöpfen enden. Mit eingestifteten Zwingen sind sie oben und unten mit dem Halfter verbunden, während die Zügel in große Eisenringe eingehängt waren. Beide Zaumzeuge sind seitlich auf den Wangen geschlossen. Dieser Verschluß liegt bei den beiden Zaumzeugen verschieden, d. h. wohl jeweils entsprechend der Anschirrung außen, was auch bedeutet, daß die beiden Zugpferde jeweils eine bestimmte, ihnen zugewiesene Wagenseite hatten, an der sie angespannt wurden.

Die Rekonstruktion dieses Zaumzeugs ist die erste, die durch entsprechende Befunde und Beobachtungen sicher belegt werden kann. Sie erlaubt es auch, bisher in ihrer Funktion unbestimmbare Einzelteile, wie etwa die gegossenen Enden der hölzernen Knebel, die es auch in anderen Gräbern gibt, zuzuweisen. Ähnlich dem Joch war der ursprünglich golden glänzende Bronzeschmuck, der fast den gesamten Pferdeschädel bedeckte, sehr sorgfältig und aufwendig gearbeitet.

Ein im Hallstattbereich einmaliger Fund ist schließlich der Pferdestachel, der ebenfalls in großen Partien erhalten war (Abb. 87). Der 1,66 m lange, dünne Stab

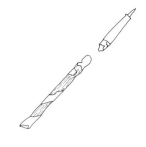

Abb. 87. Zeichnung des Pferdestachels aus einem Schneeballzweig mit Umwickelung aus Bronzeblech, einer Spitze aus Eisen und einem gegossenen Bronzegriff. Länge 1,66 m.

aus Holz des Schneeballs ist mit dünnem Bronzeblech spiralig umwickelt, hat einen kurzen, tüllenförmigen Griff aus Bronze und eine eiserne, durch eine Scheibe gegen zu tiefes Eindringen gesicherte Spitze. Mit ihm wurden die Pferde angetrieben. Solche Pferdestachel sind auf den Situlen der Ostalpen und Oberitaliens verschiedentlich dargestellt, ganz ähnliche Stachel fanden sich auch in den Gräbern Bolognas und vereinzelt in Etrurien, was wiederum ein bezeichnendes Licht auf die Beziehungen des Hochdorfer Grabes zu diesem Gebiet wirft. Vermutlich hält auch der auf unserer Kline dargestellte Wagenfahrer (Abb. 54 und Taf. 25) einen Stachel und nicht eine Lanze in der Hand.

Wie die übrige Ausstattung zeigt auch der Wagen von Hochdorf den überdurchschnittlichen Reichtum dieses Grabes. Die aufwendige Ausschmückung aller Einzelteile verbietet es, den Wagen als bloßes Totengefährt anzusehen: Er muß auch im Leben des Fürsten eine wichtige Funktion gehabt, ihn zu bestimmten Anlässen durch das von ihm beherrschte Land getragen haben. Daß solche Fahrten stehend durchgeführt wurden, legen die Darstellung auf der Kline und das nachgewiesene Fehlen einer Sitzgelegenheit auf dem Wagen nahe. Wir haben eingangs schon dargelegt, daß er sicherlich ein Ausweis für den hohen Rang seines Besitzers war.

Wenn der Wagen von Hochdorf im vorigen Jahrhundert ausgegraben worden wäre, lägen heute Bruchstücke der Eisennaben, einige Speichenteile und Radreifen, einzelne Blechstreifen und wohl auch die Eckbeschläge des Wagenkastens und die zahlreichen Blechscheiben der Zaumzeuge und des Jochs in Schachteln im Museum vor, während in den Berichten der Ausgräber von einer großen rostbraunen Fläche die Rede wäre, auf der diese Funde lagen. Mit ähnlichen oder noch spärlicheren Angaben sind uns viele hallstattzeitliche Wagenteile überliefert, und so stehen für Rekonstruktionsversuche nur wenige gut beobachtete Exemplare zur Verfügung. Leider war der – offensichtlich vollständig in Holz erhaltene – Wagen im Magdalenenberg bei Villingen, der viele Fragen hätte beantworten können, bei einer antiken Beraubung zerstört und teilweise aus dem Grab entfernt worden. So stützte man sich lange auf die in einem dänischen Moor bei Dejbjerg gefundenen Wagenteile, die allerdings schon in die Latènezeit gehören und deren Rekonstruktion nach neueren Untersuchungen recht problematisch ist. Dazu kamen dann die gut beobachteten Wagen von Bell im Hunsrück und in der Nebenkammer des Hohmichele, von denen wenigstens noch Holzspuren vorhanden waren. Daß vierrädrige Wagen schon seit dem Ende der Jungsteinzeit um 2000 v. Chr. in Mitteleuropa in Gebrauch waren, belegen entsprechende Funde, aber gerade in der Hallstattzeit machte die technische Entwicklung große Fortschritte. Die Speichenräder, die in armenischen Kurganen am Ende des 2. Jahrtausends zum erstenmal auftauchen, lösen in der Urnenfelderzeit vereinzelt schon die plumpen Scheibenräder ab. Hier gibt es voll gegossene vierspeichige Bronzeräder, wahre Meisterwerke des Bronzehandwerks, die dann in der Hallstattzeit weiterentwickelt wurden. Die verhältnismäßig einfachen Gefährte, die man in den älteren Wagengräbern Böhmens gefunden hat, sind sicherlich an den Fürstenhöfen technisch verbessert und mit den verschiedensten Ornamenten versehen worden, die auch zu ganz unterschiedlichem Aussehen der einzelnen Wagen führten. Trotzdem besitzen sie erstaunliche Gemeinsamkeiten, schon was ihre Ausmaße anbetrifft. Raddurchmesser um 90 cm sind dabei die Regel, ebenso die Breite der Wagenkästen um 65 cm, die Abmessungen der Naben oder Achsdurchmesser und auch die Spurbreite um 1,10 m scheinen fast kanonisch vorgeschrieben zu sein – bei dem Hochdorfer Wagen beträgt die Spurbreite 1,13 m. Eine schöne Bestätigung dieser Beobachtung ist, daß man eine entsprechende Breite an Fahrwegen zweier hallstättischer Fürstensitze nachweisen konnte, in die sich die Radspuren als tiefe Rinnen eingedrückt hatten. Am Donautor der Heuneburg hat Egon Gersbach einen solchen Weg ergraben, der Radspuren von 1,10 m Abstand besaß, und 1984 konnte auch Walter Drack bei seinen Grabungen auf dem Üetliberg bei Zürich in 3,70 m Tiefe entsprechende Fahrrinnen in einem Weg finden. Die bis zu 10 cm tief in den anstehenden Felsen eingefahrenen Rinnen zeigen deutlich, daß Wagen häufig benutzt wurden. Natürlich waren neben luxuriösen Gefährten wie dem unseres Grabes auch einfache Transportmittel in Gebrauch: So hat man etwa die Bausteine für die Heuneburgmauer kilometerweit angefahren, und auch die mindestens 250 Tonnen Steine, die allein im Hügel von Hochdorf verbaut wurden, mußten aus mindestens drei Kilometer Entfernung auf Wagen herantransportiert werden.

Die aufwendiger gebauten Wagen aus den Fürstengräbern haben ebenfalls viele Gemeinsamkeiten. Bei ihnen sind Verkleidungen der Räder und des Wagenkastens mit Bronze- oder Eisenblech häufiger zu beobachten. Vor allem die Naben sind meist mit Metall überzogen, deshalb häufig überliefert und auch am besten untersucht. Sie machen eine sehr rasche Entwicklung durch, die von kurzen konischen zu langen gerippt-walzenförmigen Naben verläuft, an deren typologischen Anfang die Hochdorfer Naben zu stellen sind. Seltener ist auch der Wagenkasten vollständig mit verziertem Blech überzogen, und eine Deichsel mit Metallüberzug ist mir nur aus Hochdorf bekannt. Die nächsten Parallelen zu unserem Fund sind die Wagen aus Grab 1 von Bad Cannstatt, aus dem Hügel von Apremont in Burgund und aus der Býčiskála-Höhle in Mähren. Diese weit auseinanderliegenden Fundpunkte zeigen deutlich, wie weiträumig die Beziehungen der damaligen Gesellschaft waren, aber auch, welcher Informationsaustausch unter den ausführenden Handwerkern herrschte.

Zur Datierung

Für die Einordnung des Hochdorfer Grabes in die Zeitabfolge der Hallstattkultur stehen hervorragende Beobachtungen und eindeutige Funde zur Verfügung, so daß hier keinerlei Schwierigkeiten bestehen. Anders ist es mit der absoluten Datierung, also der Angabe einer festen Jahreszahl. So mutet es fast wie ein Scherz an, daß wir die Jahreszeit der Bestattung recht genau angeben können, nämlich den Spätsommer oder Frühherbst, wie Udelgard Körber-Grohne bei der botanischen Auswertung der Pflanzenreste feststellen konnte. Zum einen lagen unter der Kline Blumen, die im Spätsommer blühen wie Witwenblume, Thymian, Dost, Rotklee oder Wegerich; zum anderen konnte U. Körber-Grohne durch die pollenanalytische Untersuchung des Kesselinhalts feststellen, daß der Honig für die Zubereitung des Mets ebenfalls im Spätsommer geerntet wurde. Daß der Tote sicherlich schon Wochen, vielleicht sogar Monate vor seiner Grablege starb, müssen wir annehmen, weil die Herstellung der Totenausstattung und die Aufschüttung der ersten Hügelkuppe einige Zeit in Anspruch nahm. Naturwissenschaftliche Untersuchungen kommen für eine absolute Datierung leider nicht in Frage. Die heute beste Methode, die Dendrochronologie, konnte nicht angewendet werden, da die entnommenen Holzproben zu schlecht erhalten waren. Diese Methode beruht darauf, daß die Bäume jedes Jahr im Stamm einen Jahrring bilden, der in nassen Jahren weiter, in trockenen enger ist und dessen Breite gemessen werden kann. Diese Messungen ergeben eine Kurve mit extrem breiten und schmalen Ringen und solchen, die uncharakteristisch sind. Dies bedeutet aber, daß Bäume, die beispielsweise in den letzten 100 Jahren gewachsen sind, alle dieselbe charakteristische Ringkurve haben. Der letzte Jahrring der Rinde des Stammes, die sogenannte Waldkante, bedeutet auch das Fällungsjahr des Baumes. Durch lange Forschungen ist es gelungen, eine durchlaufende Kurve von heute bis ins 6. Jahrtausend v. Chr. zu bekommen, indem man an Holzproben der verschiedensten Zeiten Messungen durchführte und schließlich eine lückenlose Abfolge bekam. Man kann heute an Stämmen mit mindestens 50 Jahrringen und erhaltener Waldkante das exakte Fällungsjahr ablesen. Aus der Hallstattzeit liegen bisher nur wenige publizierte Daten vor, von denen das wichtigste das der Holzkammer im Magdalenenberg bei Villingen ist, die zu Beginn der jüngeren Hallstattzeit gebaut wurde und heute auf 551 v. Chr. datiert wird. Auf dieses Eckdatum werden wir noch zurückkommen.

Zunächst aber nochmals kurz zur Einordnung des Grabes in die südwestdeutsche Hallstattchronologie, nämlich die jüngere Hallstattzeit, die man auch die Hallstattstufe D nennt. Sie wurde vor allem an Hand der verschiedenen Fibeltypen in drei Stufen untergliedert, die im wesentlichen auch in den etwa 20 übereinanderliegenden Siedlungsschichten der Heuneburg ihre Bestätigung gefunden haben. Auf die späte Hallstattzeit folgt dann die frühe Latenezeit. Bei Untersuchungen in den verschiedensten Gebieten hat sich gezeigt, daß vor allem die Fibeln, also die Gewandspangen, sehr raschen, wohl mode- oder technisch bedingten Wandlungen unterworfen sind, so daß sie die be-

Abb. 88. Auswahl von Schlangenfibeln und eine Paukenfibel aus der Grabkammer. Mit ihnen wurden die Stoffbahnen an den Wänden zusammengehalten.

sten Zeitanzeiger sind. Für die jüngere Hallstattzeit bedeutet dies aber, daß wir bei einer Dreigliederung der Stufe schon fast generationengenau datieren können, sofern der Fundverband charakteristische Fibeln enthält. Eine so genaue Datierung im relativ-chronologischen System ist außerordentlich wichtig, um einen Fund zeitlich mit anderen vergleichen und so Zeitabfolgen überhaupt rekonstruieren zu können. Im Falle des Hochdorfer Grabes gibt es, wie bereits erwähnt, überhaupt keine Schwierigkeiten, zudem stehen uns Beobachtungen zur Verfügung, die hervorragende Aussagen erlauben. Für den ältesten Abschnitt der Stufe Hallstatt D (Hallstatt D 1) sind Schlangenfibeln charakteristisch. Von der jüngsten Form dieses Fibeltyps enthält das Hochdorfer Grab zahlreiche Exemplare: Der Tote trug zwei Schlangenfibeln aus Bronze

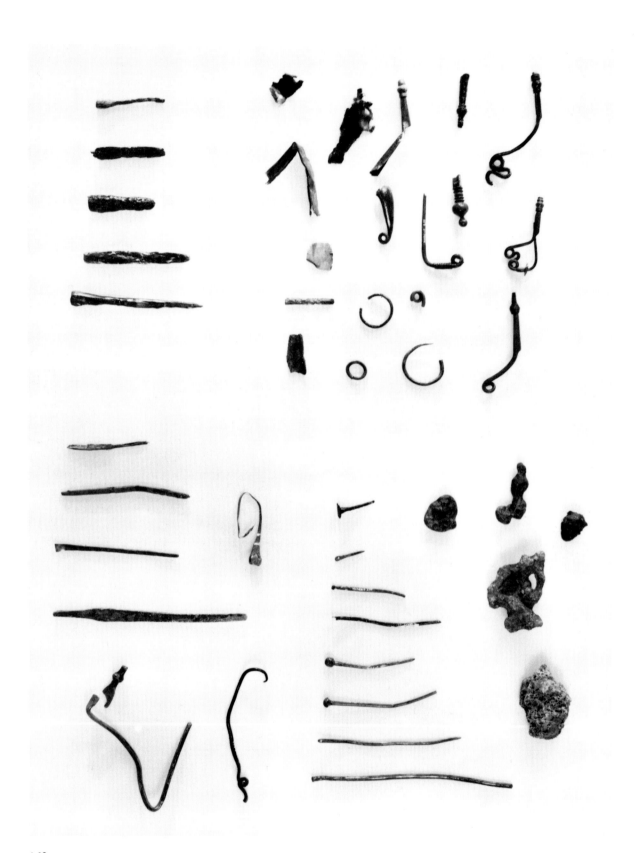

Abb. 89. Sammelfoto der Werkstattreste.

(Abb. 43), und wir konnten belegen, daß die beiden goldenen Schlangenfibeln eigens für die Ausstattung des Toten, also kurz nach seinem Tod, hergestellt worden sind. In der Grabkammer fanden sich jedoch noch zahlreiche weitere Bronzefibeln. Sie lagen zusammen mit Eisenhaken (Abb. 90) entlang den Kammerwänden und hatten Stoffbahnen zusammengehalten, die mit den Haken in der Holzwand befestigt waren. Es handelt sich mit zwei Ausnahmen ebenfalls um Schlangenfibeln des jüngsten Typs. Die beiden Ausnahmen gehören jedoch zum Typ der Paukenfibeln (Abb. 88), der für die nächstfolgende Stufe (Hallstatt D 2) typisch ist. Innerhalb der Entwicklung der Paukenfibeln sind sie die ältesten. Völlig identische Paukenfibeln lagen aber auch bei den Werkstattresten (Abb. 51, 20 u. 21), so daß auch diese Fibeln eigens für die Grablege hergestellt worden sein müssen. Damit können wir aber zweifelsfrei feststellen, daß das Grab von Hochdorf angelegt wurde, als die jüngsten Schlangenfibeln noch, die ältesten Paukenfibeln gerade schon angefertigt wurden – das heißt also am Übergang von Hallstatt D 1 nach Hallstatt D 2 oder, wenn man so will, zu Beginn von Hallstatt D 2. Unsere Beobachtung zeigt überdies recht schön, daß sich die Fibelmode nicht von heute auf morgen veränderte, denn in derselben Werkstatt wurden Schlangen- und Paukenfibeln angefertigt. Da wir obendrein, zumindest für viele Stücke, angeben können, ob sie gebraucht ins Grab kamen oder eigens produziert wurden, lassen sich auch innerhalb des Grabgutes Unterscheidungen treffen – so sind etwa die Speise- und Trinkgeräte und wohl auch der Wagen mit seinem Zubehör eher charakteristisch für die Stufe Hallstatt D 1, während anderes etwas jünger wirkt.

Ganz anders steht es um die absolute Zeitangabe für das Grab. Nach älteren chronologischen Überlegungen, die vor allem auf Vergleichen mit Italien beruhen, würde man das Grab von Hochdorf um 550 v. Chr. datieren. Dieser Zeitansatz wird durch die dendrochronologische Einordnung des Grabes vom Magdalenenberg (551 v. Chr.), das den Beginn der Stufe Hallstatt D 1 markiert, nicht unterstützt. Allerdings wurde dieses Datum erst kürzlich in Frage gestellt, so daß hierzu noch kein abschließendes Urteil abgegeben werden kann. Ich selbst halte die Datierung des Grabes von Hochdorf auf um 550 v. Chr. für die wahrscheinlichste.

Dagegen steht nun hauptsächlich die zeitliche Einordnung des griechischen Kessels, der um 530 v. Chr. in Unteritalien hergestellt worden sein soll. Bis er in das Hochdorfer Grab kam, verging sicherlich einige Zeit, so daß man aufgrund dieser Angabe die Bestattung des Fürsten um 500 v. Chr. datieren würde. Diese beiden einander widersprechenden Zeitangaben werden in der archäologischen Forschung heiß diskutiert. Eine Lösung bietet sich einstweilen nicht an – sie wäre am ehesten von der Dendrochronologie zu erhoffen, wenn bei neuen Grabungen geeignete Holzproben geborgen werden könnten. Jedenfalls gehört unser Grab in einen recht interessanten Zeitabschnitt, in dem sich die griechische Kolonisation des Mittelmeerraums – weitgehend abgeschlossen – mit den Etruskern und Phöniziern auseinanderzusetzen hatte.

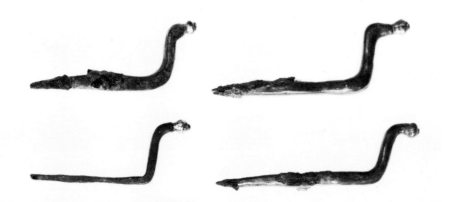

Abb. 90. Eisenhaken mit Bronzekopf. Mit ihnen waren die Stoffbahnen an den hölzernen Kammerwänden befestigt.

Zusammenfassung und Auswertung

Die Untersuchung und Auswertung des Hochdorfer Grabes hat zahlreiche Fragen lösen können, mehr noch jedoch müssen offenbleiben, weil zu ihrer Beantwortung sehr viel umfangreichere Forschungen notwendig wären. Die reichen Funde, die glänzende Ausstattung und die vielen Detailbeobachtungen drängen natürlich Fragen auf: Wer war der Mann, der hier bestattet wurde? Worauf gründete er seine Macht? Wie verlief sein Schicksal?

Seinen Namen werden wir wohl nie erfahren, doch kennen wir viele Einzelheiten, um uns wenigstens einen Eindruck von seiner Person verschaffen zu können. Dazu gehören neben seinem Sterbealter von etwa 40 Jahren seine ungewöhnliche Körpergröße und sein sicherlich eindrucksvolles Erscheinungsbild, das ihn von seiner Umgebung stark abhob.

Daß der zum Grab gehörende Fürstensitz auf dem Hohenasperg lag, darf trotz der eingangs geschilderten Konzentration von Großgrabhügeln im Raum Hochdorf (Abb. 17) wohl nicht bezweifelt werden. Der Reichtum des Grabes ist einfach zu groß, als daß man in dem Bestatteten einen Fürsten »zweiter Garnitur« vermuten könnte, einen Mann, der einem noch mächtigeren unterstand. Allerdings können wir über die Machtstrukturen an den Fürstensitzen nur spekulieren – wir wissen nicht, ob es Dynastien waren oder ob die »Fürsten« aus einem anderen, etwa kultischen, Verband herauswuchsen. Allerdings liegt es angesichts der an einigen Fürstensitzen über Generationen dauernden Kontinuität nahe, tatsächlich an Familienverbände zu denken. Auch die Frage, worauf diese Burgen ihre Macht gründeten, muß unbeantwortet bleiben. Reger Handel mit dem Süden setzt potentielle Exportartikel voraus, und diese sind uns unbekannt bzw. archäologisch nicht nachweisbar. Der hohe technische Standard der frühkeltischen Funde und besonders jener des Hochdorfer Grabes macht es durchaus wahrscheinlich, daß man nicht nur an die immer wieder genannten Sklaven und Sklavinnen, an Rauchfleisch, Felle und Leder usw., sondern auch an handwerkliche Produkte denken sollte. Im Raum um den Hohenasperg gibt es keine besonderen natürlichen Rohstoffe, lediglich im nördlich anschließenden Heilbronner Gebiet kommt Salzsole vor, die, wie wir aus zahlreichen Funden wissen, besonders in der Späthallstatt- und Frühlatènezeit gesotten und verhandelt wurde. Als Exportartikel für den Süden ist Salz jedoch ungeeignet, und ob die von den oberösterreichischen Salzbergwerken kommenden Händler nicht erfolgreicher waren als die einheimischen Salzsieder, mag dahingestellt sein. Auch im Gebiet der Heuneburg gibt es keine natürlichen Rohstoffe, während die verkehrsgeographische Situation an der Donaustraße sofort ins Auge fällt – auch beim Mont Lassois in Burgund hat man die geographische Lage mit dem Zinnhandel von Britannien ans Mittelmeer in Verbindung gebracht. Es erscheint allerdings fraglich, ob man den Grund für den Reichtum dieser Leute allein im Handel mit den Mittelmeerländern suchen sollte, denn dafür war er wohl zu gering. Daß er aber zu regen Kontakten führte, die auch die Kultur sehr stark beeinflußten, und daß solche Einflüsse besonders an den Fürstenhöfen

Abb. 91. Luftbild vom Hohenasperg. Historische Aufnahme von Paul Strähle aus dem Jahr 1923.

gerne aufgenommen wurden, ist klar. Letztlich dürfte auch das Entstehen dieser Fürstenschicht mit ihren Prunkgräbern eine Reflexion auf den Süden sein, die auch in anderen Kontaktzonen dieser Art zu beobachten ist – man denke an die goldreichen Skythengräber im Hinterland der griechischen Schwarzmeerkolonien, in Thrakien oder an die Riesenhügel Gordions in Phrygien.

Wenn sich hier ein gemeinsamer Zug fassen läßt, so sollten wir jedoch auch wieder differenzieren. Handelsverbindungen und Machtstrukturen dieser Art waren sicherlich nicht statisch, sondern sie mußten gepflegt, ausgebaut und erhalten werden, was nicht zuletzt vom politischen Gespür der Entscheidenden, also von Einzelpersonen, abhing. Schon Hartwig Zürn hat angedeutet, ob nicht die Herren vom Hohenasperg Heuneburger waren. Denn die Heuneburg hatte ihren Höhepunkt zu Beginn der späten Hallstattzeit, einer Zeit, für die wir im Bereich des Hohenasperg noch keine Fürstengräber kennen. Dies mag eine Fundlücke sein, doch zeigt sich ganz deutlich, daß die Bedeutung der Heuneburg sinkt, während die des Hohenasperg zunimmt und, falls die Grabfunde nicht vollkommen trügen, eine Machtfülle erreicht, die die Heuneburg nie gekannt hat. Was liegt näher, als den Grund für den Niedergang der Heuneburg im Aufstieg des Machtzentrums auf dem Hohenasperg zu suchen, zumal die imposante Lehmziegelmauer der Heuneburg in einer Brandkatastrophe unterging, nach der auch die große Außensiedlung aufgegeben wurde? Deutlich läßt sich auch an anderen Siedlungen und Grabfunden Südwestdeutschlands eine Konzentrierung der Macht auf wenige Punkte beobachten: Die zu Beginn der jüngeren Hallstattzeit zahlreich angelegten Höhenburgen werden bis auf wenige Ausnahmen nach einigen Generationen aufgegeben; die als Standesabzeichen angesehenen Wagen und Dolche werden in den Gräbern seltener und beschränken sich weitgehend auf die Fürstenschicht. Außerhalb des Fürstengräberkreises sind die Verhältnisse anders – so konnten sich etwa die Bewohner des Ipf bei Bopfingen oder des Marienbergs bei Würzburg zwar attisches Tongeschirr leisten, nicht aber die Mitgabe großer importierter Luxusgüter aus Bronze in die Gräber. Ihre Burgen sind bis weit in die Frühlatènezeit besiedelt, während die Heuneburg am Ende der Hallstattzeit verlassen wird. Allerdings ist auch diese Frage noch heiß umstritten. Jedenfalls gibt es von der Heuneburg keine echten Funde der Frühlatènekultur, und auch die Gräber enden in der Hallstattzeit. Ganz anders sind die Verhältnisse um den Hohenasperg, wenngleich wir uns bislang leider nicht auf Siedlungsfunde stützen können. Das reiche Grab in der Nebenkammer des Kleinaspergle (Abb. 2) zeigt schönsten Latènestil besonders in seinen Goldarbeiten, zahlreiche weitere Gräber um den Hohenasperg gehören in diese Zeit und enthalten auch Funde der Frühlatènekultur, und schließlich gibt es Siedlungen, die ohne Abbruch bis weit in die Frühlatènezeit nachgewiesen sind. Für die einzelnen Fürstensitze haben wir deshalb mit Individualschicksalen zu rechnen, d. h. Beginn, Bedeutung und Ende können ganz unterschiedlich sein. Überlegungen, die Hallstattbevölkerung der Fürstensitze sei so konservativ gewesen, daß sie in ihrer eigenen Kultur weiterlebte, als anderswo schon die Frühlatènekultur herrschte, erscheinen wenig plausibel, wie gerade die reichen Latènegräber beim Asperg oder vom Üetliberg bei Zürich zeigen, und auch die Offenheit gegenüber südlichen Einflüssen steht dazu in krassem Widerspruch. Viel eher wäre denkbar, daß diese weiten Verbindungen entscheidend zur Entstehung der Latènekunst beigetragen haben. Zwar brechen die Fürstensitze des Hallstattkreises alle spätestens in der Frühlatènezeit ab, doch finden wir nun im Mittelrheingebiet bis in die Champagne Gräber mit zweirädrigen Streitwagen, Goldbeigaben und etruskischen Bronzegeschirren, die den reichen keltischen Kunststil voll entfalten (Abb. 76).

Das Ende der Fürstengräber hängt sicherlich nicht mit einer Änderung der Grabsitten zusammen, da auch die zugehörigen Siedlungen verlassen werden. Es wird immer wieder mit den historisch belegten Zügen der Kelten nach Oberitalien in Verbindung gebracht, doch sind dies Fragen, die von der Archäologie allein kaum beantwortet werden können. Jedenfalls fassen wir hier zum erstenmal in unserem Gebiet politische Strukturen, die weit über den Machtbereich einzelner Siedlungsgruppen, Täler oder kleiner zusammenhängender Landschaften hinausgehen und wohl schon als Stammesorganisationen mit zentraler Führung anzusehen sind.

Der Gründer eines solchen Stammeszentrums wurde im Grabhügel von Hochdorf beigesetzt.

Bibliographie

Das Grab von Hochdorf

Die wissenschaftliche Gesamtveröffentlichung des Fundes erfolgt in der vom Landesdenkmalamt Baden-Württemberg herausgegebenen Reihe »Forschungen und Berichte zur Vor- und Frühgeschichte in Baden-Württemberg«.

Bisher ist eine ganze Reihe von Vorberichten zum Grab von Hochdorf erschienen, darunter:

J. Biel, Der frühkeltische Fund von Hochdorf im Rahmen der Fürstengräber Südwestdeutschlands. Ludwigsburger Geschichtsblätter 32, 1980, 7–21

U. Körber-Grohne, Biologische Untersuchungen am keltischen Fürstengrab von Hochdorf, Kr. Ludwigsburg (Vorbericht). Archäologisches Korrespondenzblatt 10, 1980, 249–252

J. Biel, Ein Fürstengrabhügel der späten Hallstattzeit bei Eberdingen-Hochdorf, Kr. Ludwigsburg (Baden-Württemberg). Germania 60, 1982, 61–104

P. Eichhorn, Das keltische Fürstengrab von Hochdorf. Problemstellungen für die Restauratoren. Arbeitsblätter für Restauratoren 15, 1982, 116–129.

Der Keltenfürst von Hochdorf. Methoden und Ergebnisse der Landesarchäologie. Katalog der Ausstellung Stuttgart 1985

Übersichten und Zusammenfassungen zur Hallstattkultur

Die ausführlichste Einführung mit einer ausgezeichneten und umfassenden Bibliographie für den Westhallstattkreis gibt:

K. Spindler, Die frühen Kelten. Stuttgart 1983

Einen außerordentlich anschaulichen Überblick mit archäologisch und künstlerisch hervorragenden Fotos sowie Beiträgen zahlreicher Fachautoren gibt der Bildband:

E. Lessing, Hallstatt – Bilder aus der Frühzeit Europas. Wien 1980

Sehr anregend, auch durch seine bibliographische Auswahl, ist das aus angelsächsischer Sicht geschriebene Werk:

J. Collis, The European Iron Age. London 1984

Eine Einführung in die Hallstatt- und Latènezeit Südwestdeutschlands gibt das Buch:

K. Bittel (Hrsg.), Die Kelten in Baden-Württemberg. Stuttgart 1981

Die Grundlage für die moderne Hallstattforschung in Südwestdeutschland hat H. Zürn durch seine Grabungen geschaffen, die er zusammenfassend publiziert hat. Dieses Werk gibt einen Überblick über die Sachkultur und bietet einen fundierten Überblick über die späte Hallstattzeit in Südwestdeutschland:

H. Zürn, Hallstattforschungen in Nordwürttemberg. Stuttgart 1970

Für den Bereich der Heuneburg hat W. Kimmig die bisherigen Forschungsergebnisse in einem reich bebilderten Führer zusammengefaßt, der auch eine Bibliographie zur Heuneburg enthält:

W. Kimmig, Die Heuneburg an der oberen Donau. Führer zu vor- und frühgeschichtlichen Denkmälern in Baden-Württemberg 1. Stuttgart [2]1983

Übersichten, zum Teil regionaler Art geben auch:

B. Cunliffe, Die Kelten und ihre Geschichte. Bergisch Gladbach 1980

E. Lessing (Hrsg.), Die Kelten. Entwicklung und Geschichte einer europäischen Kultur. Freiburg 1979

Die Hallstattkultur. Frühform europäischer Einheit. Internationale Ausstellung des Landes Oberösterreich. Steyr 1980

Die Hallstattkultur. Bericht über das Symposium in Steyr 1980 aus Anlaß der Internationalen Ausstellung des Landes Oberösterreich. Steyr 1981

Die Kelten in Mitteleuropa. Kultur, Kunst, Wirtschaft. Salzburger Landesausstellung 1. Mai bis 30. September 1980 im Keltenmuseum Hallein, Österreich. Salzburg 1980

G. Kossack, Südbayern während der Hallstattzeit. Röm. Germ. Forsch. 24. Berlin 1959

G. Kossack, Gräberfelder der Hallstattzeit an Main und fränkischer Saale. Kallmünz 1970

Ur- und frühgeschichtliche Archäologie der Schweiz. Band 4: Die Eisenzeit. Basel 1974

A. Furger-Gunti, Die Helvetier. Kulturgeschichte eines Keltenvolks. Zürich 1985

A. Haffner, Die westliche Hunsrück-Eifel-Kultur. Röm. Germ. Forsch. 36. Berlin 1976

J. Déchelette, Manuel d'archéologie préhistorique, celtique et gallo-romaine II 2 – Premier âge du fer ou époque de Hallstatt. Paris 1913

J. Guilaine, La préhistoire française. Band 2. Les civilisations néolithiques et protohistoriques de la France. Paris 1976

D. u. F. R. Ridgway (Hrsg.), Italy before the Romans. New York 1979

Fürstensitze und Fürstengräber

Eine umfassende Darstellung der Fürstensitze und -gräber mit ausführlicher Bebilderung fehlt, einen sehr guten Überblick mit ausführlicher Darstellung der Südbeziehungen gibt jedoch:

W. Kimmig, Die griechische Zivilisation im westlichen Mittelmeergebiet und ihre Wirkung auf die Landschaften des westlichen Mitteleuropa. Jahrbuch des Römisch-Germanischen Zentralmuseums Mainz, 30, 1983, 5–78

Eine kurze Übersicht geben:

F. Fischer u. J. Biel, Frühkeltische Fürstengräber in Mitteleuropa. Antike Welt, Sondernummer 1982

F. Fischer, Hallstattzeitliche Fürstengräber in Südwestdeutschland. Bausteine zur geschichtlichen Landeskunde von Baden-Württemberg. Stuttgart 1979, 49–70

Hohenasperg mit zugehörigen Gräbern (neben dem schon genannten Werk von H. Zürn):

P. Jacobsthal, Early Celtic Art. Oxford 1944. Nachdruck 1969, passim (Kleinaspergle)

O. Paret, Das Fürstengrab der Hallstattzeit von Bad Cannstatt. Fundberichte aus Württemberg NF 8, 1935, Anhang 1, 1–38

O. Paret, Ein zweites Fürstengrab der Hallstattzeit von Stuttgart-Bad Cannstatt. Fundberichte aus Schwaben NF 9, 1938, 55–60

O. Paret, Das Hallstattgrab von Sirnau bei Esslingen. Fundberichte aus Schwaben NF 9, 1938, 60–66

O. Paret, Das reiche späthallstattzeitliche Grab von Schöckingen (Kr. Leonberg). Fundberichte aus Schwaben NF 12, 1951, 37–40

A. Stroh, Frühlatènegrab von Schwieberdingen. OA Ludwigsburg. Germania 19, 1935, 290–295

Zur Heuneburg ist die Literatur in dem schon genannten Führer von W. Kimmig aufgeführt; besonders zu erwähnen:

G. Riek u. H.-J. Hundt, Der Hohmichele – Ein Fürstengrabhügel der späten Hallstattzeit bei der Heuneburg. Berlin 1962

Zum Münsterberg von Breisach und den Gräbern am Oberrhein:

H. Bender u.a., Neuere Untersuchungen auf dem Münsterberg in Breisach (1966–1975) 1. Die vorrömische Zeit. Archäologisches Korrespondenzblatt 6, 1976, 213–224

M. Klein, Ausgrabungen in Breisach am Rhein, Kreis Breisgau-Hochschwarzwald. Archäologische Ausgrabungen in Baden-Württemberg 1984 (1985), 86–92

C. Beyer u. R. Dehn, Ein zweiter, reich ausgestatteter Grabfund der Hallstattzeit von Kappel a. Rh. (Ortenaukreis). Archäologisches Korrespondenzblatt 7, 1977, 273–277

O.-H. Frey, Die Zeitstellung des Fürstengrabes von Hatten im Elsaß. Germania 35, 1957, 229–249

W. Kimmig u. W. Rest, Ein Fürstengrab der späten Hallstattzeit von Kappel am Rhein. Jahrbuch Römisch-Germanisches Zentralmuseum Mainz 1, 1954, 179–216

S. Schiek, Der »Heiligenbuck« bei Hügelsheim. Ein Fürstengrabhügel der jüngeren Hallstattkultur. Fundberichte aus Baden-Württemberg 6, 1981, 273–308

Griechische Scherben gibt es auch vom Ipf bei Bopfingen und vom Marienberg bei Würzburg, doch berechtigen sie nicht, hier von Fürstensitzen wie etwa der Heuneburg zu sprechen:

F. Schultze-Naumburg, Eine griechische Scherbe vom Ipf bei Bopfingen/Württemberg. Marburger Beiträge zur Archäologie der Kelten. Festschrift für Wolfgang Dehn. Fundberichte aus Hessen. Beiheft 1. Bonn 1969, 210–212

W. Dehn, Einige Bemerkungen zu süddeutschem Hallstattglas. Germania 29, 1951, 25–34

G. Mildenberger, Griechische Scherben vom Marienberg in Würzburg. Germania 41, 1963, 103–104

Die Untersuchung des Magdalenenbergs bei Villingen wurde in einer von K. Spindler herausgegebenen Reihe veröffentlicht:

K. Spindler, Magdalenenberg – Der hallstattzeitliche Fürstengrabhügel bei Villingen im Schwarzwald Band 1–6, Villingen 1971–1980

K. Spindler, Der Magdalenenberg bei Villingen. Führer zu vor- und frühgeschichtlichen Denkmälern in Baden-Württemberg 5. Stuttgart 1976

Eine Zusammenfassung der schweizerischen Funde erschien in dem etwas schwer zugänglichen Aufsatz:

W. Kimmig, Frühe Kelten in der Schweiz im Spiegel der Ausgrabungen auf dem Üetliberg. Stiftung für die Erforschung des Üetlibergs. Zürich 1983, 1–22

Zum Üetliberg bei Zürich:

W. Drack, Der frühlatènezeitliche Fürstengrabhügel auf dem Üetliberg (Gemeinde Uitikon, Kanton Zürich). Zeitschrift für Schweizerische Archäologie und Kunstgeschichte 38, 1981, 1–28

W. Drack u. H. Schneider, Der Üetliberg. Die archäologischen Denkmäler. Archäologische Führer der Schweiz 10, 1978

H. Reim, Zur Henkelplatte eines attischen Kolonettenkraters vom Uetliberg (Zürich). Germania 46, 1968, 274–285

Zu Châtillon-sur-Glâne:

H. Schwab, Châtillon-sur-Glâne. Ein Fürstensitz der Hallstattzeit bei Freiburg im Üechtland. Germania 53, 1975, 79–84

H. Schwab, Pseudophokäische und phokäische Keramik in Châtillon-sur-Glâne. Archäologisches Korrespondenzblatt 12, 1982, 363–372

Die meisten französischen Gräber (in allerdings sehr schlechten Abbildungen) behandelt:

R. Joffroy, Les sépultures à char du premier Âge du Fer en France. Dijon 1957

Zum Mont Lassois und zu Vix:

R. Joffroy, Le trésor de Vix (Côte-d'Or). Paris 1954

R. Joffroy, Das Oppidum Mont Lassois, Gemeinde Vix, Dép. Côte-d'Or. Germania 32, 1954, 59–65

R. Joffroy, L'Oppidum de Vix et la civilisation hallstattienne finale. Paris 1960

Zu Château-sur-Salins:

M. Piroutet, La Citadelle Hallstattienne, à Poteries Hélleniques, de Château-sur-Salins (Jura). 5. Congrès International d'Archéologie Alger 1930 (1933), 47 ff.

M. Dayet, Recherches archéologiques au »Camp du Château« (Salins) (1955–1959). Revue Archéologique de l'Est et du Centre-Est 18, 1967, 52–106

Zu Fundorten im Osthallstattkreis:

F. Moosleitner, Ein hallstattzeitlicher »Fürstensitz« am Hellbrunnerberg bei Salzburg. Germania 57, 1979, 53–74

E. Penninger, Der Dürrnberg bei Hallein. Band 1. München 1972

F. Moosleitner u. a., Der Dürrnberg bei Hallein. Band 2. München 1974

L. Pauli, Der Dürrnberg bei Hallein. Band 3. München 1978

K. Kromer, Das Gräberfeld von Hallstatt. Florenz 1959

Im Vergleich zu den südwestdeutschen Fürstengräbern ist auch die Gruppe in Serbien und Makedonien sehr interessant:

B. Filow, Die archaische Nekropole von Trebenischte am Ochrida-See. Berlin 1927

L. Popović, Katalog nalaza iz nekropole kod Trebenista. Narodni Muzej Beograd. Antika 1, 1954

D. Mano-Zisi u. L. B. Popović, Novi Pazar. Ilirsko-Grčki Nalaz. Belgrad o. J.

Methodisch sehr wichtig zur Frage der Fürstengräber:

G. Kossack, Prunkgräber. Bemerkungen zu Eigenschaften und Aussagewert. In: Studien zur vor- und frühgeschichtlichen Archäologie. Festschrift Joachim Werner. Münchner Beiträge zur Vor- und Frühgeschichte. Ergänzungsband 1, 1974, 3 ff.

W. Kimmig, Zum Problem späthallstättischer Adelssitze. Siedlung, Burg und Stadt. Festschrift Paul Grimm. Akademieschriften 25. Berlin 1969, 95–113

S. Frankenstein u. M. J. Rowlands, The internal structure and regional context of Early Iron Age Society in south-western Germany. Institute of Archaeology London Bulletin 15, 1978, 73–112

Hamburger Beiträge zur Archäologie 2/2, 1972, mit verschiedenen Beiträgen

L. Pauli, Untersuchungen zur Späthallstattkultur in Nordwürttemberg. Hamburger Beiträge zur Archäologie 2, 1972, 58–74

K. Spindler in: Die Hallstattkultur. Bericht über das Symposium in Steyr 1980 aus Anlaß der Internationalen Ausstellung des Landes Oberösterreich. Steyr 1981, 47–60

E. Gersbach, Die Paukenfibeln und die Chronologie der Heuneburg bei Hundersingen/Donau. Fundberichte aus Baden-Württemberg 6, 1981, 213–223

G. Kossack, Südbayern im 5. Jahrhundert v. Chr. Zur Frage der Überlieferungskontinuität. Bayerische Vorgeschichtsblätter 47, 1982, 9–25

Die absolut-chronologische Einordnung späthallstattzeitlicher Funde durch die Dendrochronologie ist zur Zeit ebenfalls noch nicht möglich, doch dürfte diese Frage bald geklärt sein:

Ernst Hollstein, Mitteleuropäische Eichenchronologie. Trierer dendrochronologische Forschungen zur Archäologie und Kunstgeschichte. Trierer Grabungen und Forschungen 11, 1980

Burghard Schmidt u. J. Freundlich, Zur Datierung bronzezeitlicher Eichenholzfunde. Archäologisches Korrespondenzblatt 14, 1984, 233–237. – Dort auch weitere neue Literatur

Datierung der späten Hallstattzeit

Die Datierung der späten Hallstattzeit ist stark diskutiert, besonders die Frage nach dem absolut-chronologischen Ende der Hallstattkultur bzw. einer zeitlichen Überschneidung der Hallstatt- und Latènekultur. Nur als Beispiele seien genannt:

W. Dehn u. O.-H. Frey, Die absolute Chronologie der Hallstatt- und Frühlatènezeit Mitteleuropas auf Grund des Südimports. Atti del VI Congresso Internazionale delle Scienze Preistorice e Protostorice I, Relazioni Generali I, 1962, 197–208

H. Zürn, Zur Chronologie der späten Hallstattzeit. Germania 26, 1942, 116–124

H. Zürn, Zum Übergang von Späthallstatt zu Latène im südwestdeutschen Raum. Germania 30, 1952, 38–45

Einzelne Fragen oder Fundgruppen

A. Beck, Der hallstattzeitliche Grabhügel von Tübingen-Kilchberg. Fundberichte aus Baden-Württemberg 1, 1974, 251–281

F. Benoit, Recherches sur l'Hellénisation du Midi de la Gaule. Aix-en-Provence 1965

B. Chropovský (Hrsg.), Symposium zu Problemen der jüngeren Hallstattzeit in Mitteleuropa. Bratislava 1974

W. Dehn, Hohmichele Grab 6 – Hradenin Grab 28 – Vače (Watsch) Helmgrab. Ein Nachtrag zu den späthallstättischen Bronzeschüsseln. Fundberichte aus Schwaben NF 19, 1971, 82–88

W. Drack, Wagengräber und Wagenbestandteile aus Hallstattgrabhügeln der Schweiz. Zeitschrift für Schweizerische Archäologie und Kunstgeschichte 18, 1958, 1–67

J. Driehaus, Der Grabraub in Mitteleuropa während der älteren Eisenzeit. In: Zum Grabfrevel in vor- und frühgeschichtlicher Zeit. Abhandlungen der Akademie der Wissenschaften in Göttingen. Phil.-Hist. Klasse 3. Folge Nr. 113, 1978, 18–47

F. Dvořák, Wagengräber der älteren Eisenzeit in Böhmen. Prag 1938

F. Fischer, Die Kelten bei Herodot. Bemerkungen zu einigen geographischen und ethnographischen Problemen. Madrider Mitteilungen 13, 1972, 109–124

F. Fischer, KEIMHΛIA. Bemerkungen zur kulturgeschichtlichen Interpretation des sogenannten Südimports in der späten Hallstatt- und frühen Latènekultur des westlichen Mitteleuropa. Germania 51, 1973, 436–459

O.-H. Frey, Die Entstehung der Situlenkunst. Studien zur figürlich verzierten Toreutik von Este. Röm. Germ. Forsch. 31. Berlin 1969

H. G. H. Härke, Settlement Types and Patterns in the West Hallstatt Province. British Archaeological Reports. International Series 57. Oxford 1979

A. Hartmann, Prähistorische Goldfunde aus Europa. Spektralanalytische Untersuchungen und deren Auswertung. Studien zu den Anfängen der Metallurgie 3. Berlin 1970

H.-J. Hundt, Über vorgeschichtliche Seidenfunde. Jahrbuch des Römisch-Germanischen Zentralmuseums Mainz 16, 1969, 59–71

I. Kilian-Dirlmeier, Die hallstattzeitlichen Gürtelbleche und Blechgürtel Mitteleuropas. Prähistorische Bronzefunde XII 1. München 1972

W. Kimmig, Zum Fragment eines Este-Gefäßes von der Heuneburg an der oberen Donau. Hamburger Beiträge zur Archäologie 4, 1974, 33–96

W. Kimmig u. O.-W. v. Vacano, Zu einem Gußform-Fragment einer etruskischen Bronzekanne von der Heuneburg a. d. oberen Donau. Germania 51, 1973, 72–85

L. Pauli, Die Golasecca-Kultur und Mitteleuropa. Ein Beitrag zur Geschichte des Handels über die Alpen. Hamburger Beiträge zur Archäologie 1, 1971

C. Oeftiger, Mehrfachbestattungen im Westhallstattkreis. Bonn 1984

S. Piggott, The earliest wheeled transport from the Atlantic coast to the Caspian Sea. London 1983

G. Riek, Ein hallstättischer Grabhügel mit Menschendarstellung bei Stockach, Kr. Reutlingen. Germania 25, 1941, 85–89

S. Schiek, Das Hallstattgrab von Vilsingen. Zur Chronologie der späthallstattzeitlichen Fürstengräber in Südwestdeutschland. In: Festschrift für Peter Goessler. Stuttgart 1954, 150–167

S. Sievers, Die mitteleuropäischen Hallstattdolche. Prähistorische Bronzefunde VI 6. München 1982

L. Wamser, Wagengräber der Hallstattzeit in Franken. Frankenland. Zeitschrift für Fränkische Landeskunde und Kulturpflege NF 33, 1981, 225–261

H. Zürn, Eine hallstattzeitliche Stele von Hirschlanden, Kr. Leonberg (Württbg.). Germania 42, 1964, 27–36

Bildnachweis

Nachweis der Abbildungen

R. Balluff, Tübingen: Abb. 70, 71
Bildarchiv Preußischer Kulturbesitz Berlin: Abb. 13
O. Braasch, Landshut: Abb. 15 (freigegeb. Reg.-Präs. Stuttgart B.11.111)
Luftbild Brugger, Stuttgart: Abb. 11 (freigegeb. Reg.-Präs. Stuttgart 2/50 681 C)
P. Eichhorn/Württembergisches Landesmuseum Stuttgart: Abb. 36, 64, 67, 69, 78, 80, 85, 86
P. Frankenstein u. J. Jordan, Stuttgart: Abb. 18, 40, 41, 42, 46, 48, 53, 55, 56, 66, 68, 74, 79
Landesdenkmalamt Baden-Württemberg: Abb. 2, 8, 9, 10, 14, 17, 19, 20, 21 (Zeichng. J. Oellers), 23 (Foto K. Natter), 24 (Foto K. Natter), 25, 26, 28, 30, 31, 32, 35 (Zeichng. K. Fink), 37, 38 (Zeichng. K. Fink), 43, 44 (Zeichng. K. Fink), 45 (Zeichng. K. Fink), 47 (Zeichng. K. Fink), 49 (Zeichng. K. Fink), 50, 51 (Zeichng. K. Fink), 52, 54 (Zeichng. J. Oellers), 57 (Zeichng. K. Fink), 72, 73 (Zeichng. K. Fink), 75, 76, 77, 82 (Zeichng. K. Fink), 83 (Zeichng. K. Fink), 87 (Zeichng. J. Oellers), 88 (Foto K. Natter), 89 (Foto K. Natter), 90 (Foto K. Natter)
Landesvermessungsamt Baden-Württemberg: Abb. 16
Museum Johanneum, Graz: Abb. 61
J. Oellers, Stuttgart: Abb. 22, 27, 29, 33, 39
M. Seitz, Tübingen: Abb. 34
Luftbild Strähle, Schorndorf: Abb. 91
Württembergisches Landesmuseum Stuttgart: Abb. 4

Nachweis der Farbtafeln

P. Eichhorn/Württembergisches Landesmuseum Stuttgart: Tafel 6b, 8b, 9a–h, 10a–c, 11b, 12b
P. Frankenstein u. J. Jordan, Stuttgart: Tafel 1, 2c, 8a, 13–48 sowie Umschlagfoto
Landesdenkmalamt Baden-Württemberg: Tafel 2a, 2b, 3a–c, 4a–c, 5a, 5b, 6a, 7a, 7b, 11a, 12a

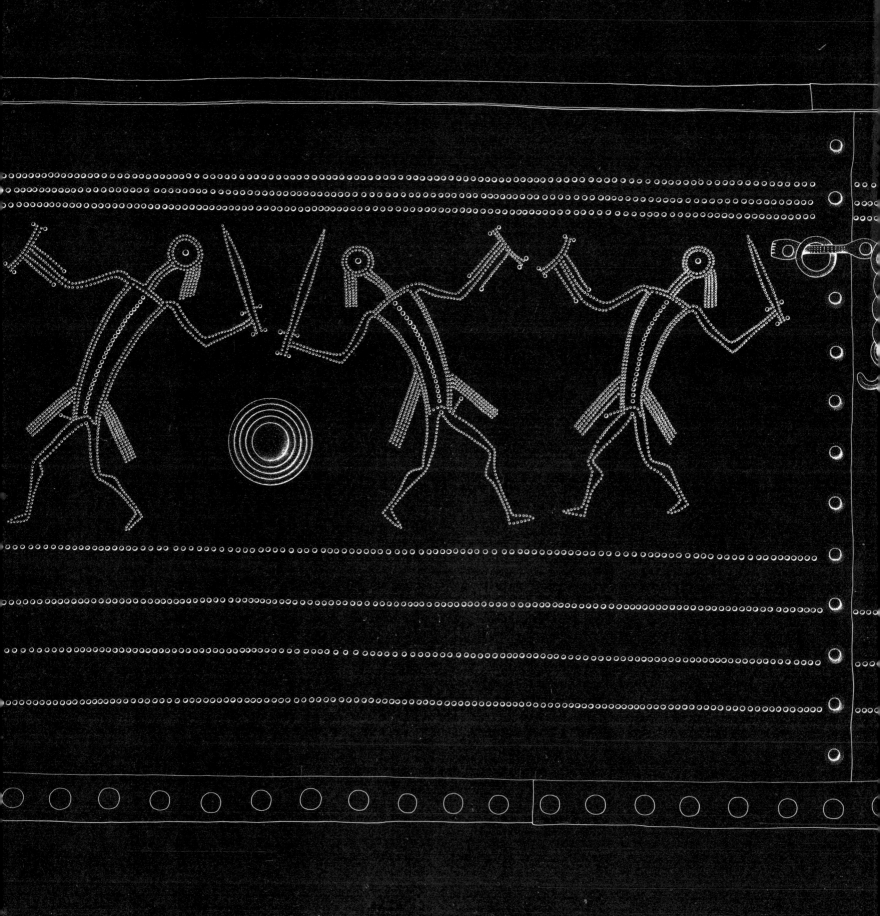